Claudia Kostka

Coaching – Veränderungs-prozesse meistern

3. Auflage

HANSER

Bibliografische Information der Deutschen Nationalbibliothek
Die Deutsche Nationalbibliothek verzeichnet diese Publikation in der Deutschen Nationalbibliografie; detaillierte bibliografische Daten sind im Internet über http://dnb.d-nb.de abrufbar.

© 2007 Carl Hanser Verlag München
http://www.hanser.de

Lektorat: Lisa Hoffmann-Bäuml
Herstellung: Ursula Barche
Layout: Der Buchmacher, Arthur Lenner, München
Grafiken: Halina Wojtusiak, München
Umschlaggestaltung: Parzhuber & Partner GmbH, München
Umschlagrealisation: Stephan Rönigk
Druck und Bindung: Kösel, Krugzell
Printed in Germany

ISBN 978-3-446-40996-5

Inhalt

Einleitung

Noch vor wenigen Jahren wurde der Begriff **Coach** ausschließlich im Sport benutzt. Anfang der 1970er-Jahre ergründete der kalifornische Tennis-Coach GALLWEY, dass jeder Wettkampf sowohl aus einem äußeren als auch aus einem **inneren Spiel** besteht. „Das äußere Spiel wird gegen einen äußeren Gegner gespielt, um äußere Hindernisse zu überwinden und ein äußeres Ziel zu erreichen." Bei keinem Wettstreit kann aber „Meisterschaft erlangt werden oder Befriedigung gefunden werden, wenn man sich nicht auch den ziemlich vernachlässigten Fähigkeiten des inneren Spiels widmet. Gemeint ist das Spiel, das im Denken des Spielers stattfindet und das gegen Hindernisse wie Konzentrationsschwäche, Nervosität, Selbstzweifel und Selbstkritik gespielt wird. Kurz, es wird gegen sich selbst gespielt …" (GALLWEY 1974)

Da Menschen ihre inneren Auseinandersetzungen auch in allen anderen privaten und beruflichen Zusammenhängen führen, wurde GALLWEYS Buch *The Inner Game of Tennis* nicht nur das meistverkaufte Tennisbuch der Welt, sondern letztlich auch der Geburtshelfer für das moderne Business-**Coaching**.

Zunächst verbreitete sich Coaching in Führungsetagen US-amerikanischer Unternehmen. Seit den 1990er-Jahren entwickelte sich Coaching auch in Deutschland als professionelle Form der Personalentwicklung und findet inzwischen zu fast allen Themen der Persönlichkeitsentwicklung Anwendung.

Immer mehr Menschen wollen auf diese Weise ihre persönlichen **Leistungspotenziale erweitern.** Dies bedeutet aber, einen **Veränderungsprozess** in Gang zu setzen und zu gestalten, der mit einer Reise in unbekannte (unbewusste)

Regionen verbunden ist. Vergleichbar ist diese innere Auseinandersetzung mit der Reise des Helden, der in die Fremde zieht, zur tiefsten Höhle vordringt und den Drachen besiegt, um den hartnäckig bewachten Schatz nach Hause zu bringen. So folgen die seit Jahrhunderten erzählten Geschichten dem immer gleichen Grundmuster: Der Held kehrt verändert in seine Heimat zurück, denn er hat den Kampf gegen seinen größten Feind (seinen Schatten) gewonnen.

Die Schauspielerin MERYL STREEP verglich das Einarbeiten in eine neue Rolle ebenfalls mit einer Reise in eine unbekannte Welt: „… alles erscheint einem schwer, bevor man anfängt, es zu tun … Es sind die **Übergänge**, die einem so schwerfallen … Sobald man erst mal da ist, nimmt man automatisch die neue Situation in die Hand und fängt allmählich an, den neuen Alltag zu meistern. So baut man sich nach und nach seine eigene neue Welt auf, und es wird leichter … Sobald ich mit meiner Arbeit anfange, wird sie machbar. Aber bevor man damit angefangen hat und noch nicht genau weiß, wie es sein wird, hat man **Angst** vor der Aufgabe." (*Berliner Zeitung* 14./15.04.2007)

Coaching hilft, die Übergänge zu gestalten und die Angst vor dem Unbekannten bzw. die **inneren Blockaden** abzubauen, um sich seinen größten Potenzialen zu nähern. Der Coach unterstützt, Ziele in unübersichtlichen Situationen klar zu erkennen, Widerstände aufzudecken, und erweitert den eigenen Horizont.

Welche Resultate ein außergewöhnlicher Coach erzielen kann, lies uns JÜRGEN KLINSMANN 2006 mit der deutschen Nationalelf bei der Fußballweltmeisterschaft erleben. Hier wurde vor allem deutlich, dass die Coaching-Qualität in erster Linie von der Persönlichkeit, der Expertise und den Lebenserfahrungen des Coachs abhängt.

Aufbau des Buches

Dieses Buch hat das Ziel, Ihnen kurz und prägnant zusammengefasst alles Wissenswerte im Überblick zum Thema Coaching zu vermitteln.

Sie erfahren:

► was sich hinter dem Begriff Coaching verbirgt,
► wie sich Coaching entwickelt hat,
► auf welchen Denk- und Verhaltensebenen Coaching stattfindet,
► die grundlegende Methodik, also welche Phasen berücksichtigt werden müssen,
► wann und in welchen Formen es eingesetzt wird,
► welche Rolle der Coach spielt, und schließlich
► werden die wichtigsten grundlegenden Techniken vorgestellt.

Die ersten vier Kapitel geben einen Überblick über Grundlagen, Ebenen, Phasen und Techniken von Coaching. Die zweiten drei Kapitel beschäftigen sich mit dem inneren Prozess von Coaching. Die Phasen des Veränderungsprozesses, durch den der Klient geführt wird, bedeuten immer, eine Krise zu meistern. Krisen bergen die Chance, die schlummernden Potenziale zu erschließen.

Jede Lebensphase birgt dabei ihre eigenen Fragestellungen, die immer aufs Neue diese Veränderungsprozesse erforderlich machen. Unsere Ahnen hatten ganz offensichtlich umfangreiche Kenntnisse über die Schwierigkeiten, die dabei entstehenden Ängste und Blockaden zu überwinden. Sie verpackten ihre Weisheiten in unzähligen Mythen, Märchen und Geschichten, in denen die Helden auf die Reise geschickt wurden. Diese Reise beschreibt metaphorisch die Phasen eines tief greifenden Veränderungsprozesses und dessen Folgen.

Dieser Pocket-Power-Band liefert Ihnen damit einen Überblick über das Thema Coaching, Einblicke in die grundlegenden Aspekte und Durchblick hinsichtlich der Dramatik des sich dabei vollziehenden Veränderungsprozesses.

Der Band ist so gestaltet, dass Sie ihn auch hin und wieder in die Hand nehmen können, um entsprechend den Stichworten den einen oder anderen Tipp zu nutzen.

Unter diesem Symbol werden Hinweise und Tipps gegeben, die beim Coaching oder bei der Anwendung von Methoden und Techniken besonders beachtet werden sollten.

Dieses Symbol weist auf besondere Stolpersteine hin.

Dieses Symbol weist auf Übungen hin.

Wir wünschen Ihnen viel Spaß beim Lesen und für Ihr Coaching viel Erfolg.

Der Einfachheit halber haben wir die männliche Form gewählt.

1   Grundlagen zum Coaching

1.1   Ursprünge

Der Begriff **Coaching** wurde von *Coach* abgeleitet. Erste entlehnte Verwendungen des Wortes *Coach* finden wir im Sport. In amerikanischen Universitätssportteams wurde etwa seit 1880 neben der Bezeichnung *Manager* gleichbedeutend der Begriff *Coach* benutzt.

Der Stagecoach

Wahrscheinlich geht der Begriff Coaching auf die vielseitigen Fähigkeiten eines Postkutschers (Stagecoach) zurück. Die ursprüngliche Bedeutung von *Coach* ist nämlich *Kutsche* und *Stage* ist die *Haltestelle*. Der Postkutscher hatte nicht nur die Aufgabe, die vier- bis sechsspännige Pferdekutsche mit der Post etappenweise pünktlich über weite Strecken ans Ziel zu bringen. Vielmehr musste er auch noch die reibungslose Beförderung der Passagiere sicherstellen, was möglicherweise die weitaus schwierigere Aufgabe war.

Anschaulich dargestellt werden dieser Berufsstand und dessen vielschichtige Aufgaben von JOHN FORD in seinem 1939 erschienenen Western *Stagecoach* (deutscher Titel *Ringo*). Der Film erzählt die Geschichte einer in den frühen 80er-Jahren des 19. Jahrhunderts von neun Personen unternommenen Postkutschenfahrt von Tonto (Arizona) nach Lordsburg (Neu-Mexiko) und die dabei erlebten Abenteuer, die nicht zuletzt durch die unterschiedlichen Charaktere, Ziele und Interessen der Passagiere zustande kamen. Dem Filmdrehbuch lag die im April 1937 in *Collier's Magazine* publizierte Erzählung *Stage to Lordsburg* (dt. *Postkutsche nach Lordsburg*) von ERNEST HAYCOX zugrunde. Diese

Geschichte war wiederum eine Adaption der 1880 veröffentlichten Novelle *Fettklößchen* (*Boule de Suif*) von GUY DE MAUPASSANT, deren Handlung in der Normandie zur Zeit des Deutsch-Französischen Krieges spielt.

Auch hier geht es um die gruppendynamischen Prozesse von zehn Passagieren einer Postkutsche, die während des Deutsch-Französischen Krieges 1870/71 versuchen, aus der von den Preußen besetzten Normandie nach Le Havre zu fliehen, um sich von dort aus nach England abzusetzen.

Diese Gruppe von Flüchtlingen stellt einen Querschnitt durch die Bevölkerung dar. Von der Bourgeoisie über Adlige bis hin zu zwei Nonnen sind alle Gesellschaftsschichten vertreten. Den Abschluss bildet die Prostituierte „Boule de Suif", welche auch die Hauptperson der Geschichte ist.

Thematisiert werden insbesondere die unterschiedlichen Wertvorstellungen und daraus resultierenden Ziele, Interessen und Verhaltensweisen, die der Postkutscher letztlich unter einen Hut bringen musste, um die Passagiere wohlbehalten ans Ziel zu bringen und damit seinen Auftrag zu erfüllen.

Seit der Zeit der Aufklärung hatten Postkutschen eine wichtige Bedeutung in der Personenbeförderung. Bei Reisegeschwindigkeiten von etwa 2 km/h im Jahr 1700 bis etwa 10 km/h im Jahr 1850 kann man sich die Mühsal einer solchen Reise vorstellen. Die Postkutsche war nicht nur sehr lange unterwegs, die Passagiere saßen unbequem und vor allem waren unterschiedliche Menschen auf engstem Raum über eine längere Zeit zusammengepfercht. Die sich aus dieser Stresssituation zwangsläufig ergebenden Schwierigkeiten kann man sich bildlich vorstellen. Der Umgang mit schwierigen Situationen bis hin zu handfesten Konflikten erforderte gewiss ein hohes Maß an Menschenkenntnis, Lebenserfahrung und Fantasie.

Darüber hinaus ergaben sich eine Reihe vielfältiger Aufgaben und Anforderungen an den Postkutscher. Er musste:

▶ die Passagiere vor Angriffen von außen schützen,
▶ die gruppendynamische Entwicklung seiner Passagiere im Auge behalten,
▶ abends für eine adäquate Unterkunft sorgen,
▶ achtsam mit der Kraft seiner Pferde haushalten und für entsprechendes Futter sorgen,
▶ die Kutsche zu einer bestimmten Zeit ans Ziel bringen,
▶ dafür einerseits den Weg kennen und wissen, wie dieser sich bei welcher Wetterlage veränderte und welche weiteren Risiken sich auftun könnten,
▶ andererseits seine Kutsche instand halten und auf Pannen jedweder Art gefasst sein, denn eine Pannenhilfe gab es damals nicht,
▶ schließlich dafür sorgen, dass er für seine Leistungen auch angemessen bezahlt wurde.

Der Postkutscher war also gleichermaßen Projekt- und Vertriebsmanager, Stratege, Psychologe, Ingenieur und Handwerker. Diese multidimensionalen Aufgaben und Anforderungen muss auch heute ein guter Coach unter einen Hut bringen.

The inner Game – Das innere Spiel

Wie bereits erwähnt, tauchte der Begriff *Coach* Ende des 19. Jahrhunderts im Mannschaftssport erstmals auf. Zunächst war der Coach der Einpauker, der seine Mannschaft fast militärisch auf Erfolg drillte, indem er die körperliche Fitness und die sportlichen Techniken eintrainierte. Als W. T. GALLWEY im Jahr 1974 *The Inner Game of Tennis* verfasste, „war Sportpsychologie kein anerkanntes Fachgebiet, und in Sportkreisen war kaum einmal die Rede von der mentalen Seite einer Leistung. In Bezug auf Sport von einer *inneren* Seite zu sprechen hielten manche für revolutionär, andere hingegen für *völlig daneben*.“ (GALLWEY 2003)

> Coaching entstand vor allem aus der Erkenntnis, dass die besten Techniken versagen, wenn der Geist unter dem Druck des Gegenspielers kollabiert. Für den Erfolg im Wettkampf ist die mentale Fitness letztlich entscheidend. GALLWEY prägte den Ausspruch: „Der Gegner im eigenen Kopf ist viel schlimmer als der Gegner auf der anderen Seite des Netzes.“

Coaching etablierte sich schließlich im Sport aus der Erkenntnis: „… dass bei einem Spieler, ohne dass der Coach sich um die Technik kümmern müsste, ein unerwartetes Talent zum Vorschein kommen wird, wenn der Coach ihm helfen kann, die internen, seiner Leistung im Wege stehenden Hindernisse abzubauen oder zu verringern.“ (GALLWEY 1974)

The Inner Game of Tennis wurde nicht nur das meistverkaufte Tennisbuch aller Zeiten, GALLWEY wurde damit Anfang der 1970er-Jahre zum Begründer des Business-Coachings. Der Weg des Coachings vom Sport in die Vorstandsetagen amerikanischer Unternehmen war geebnet.

Ende der 1980er-Jahre mit dem steigenden Bedarf an Unterstützung bei der Gestaltung von Veränderungsprozessen in Unternehmen tauchte der Begriff „Coaching“ in der breiten Diskussion auf. Es entwickelten sich unterschiedliche Formen wie Führungs-, Konflikt- oder Team-Coaching. Ende der 1990er-Jahre etablierte sich Coaching auch zur Lösung der persönlichen Herausforderungen (z.B. Karriere- oder Führungs-Coaching). Mehr und mehr entstand Anfang des

21. Jahrhunderts eine systematische Vorgehensweise, die den neuen Bedürfnissen nach Veränderungen aller Art gerecht wird.

Inzwischen hat sich Coaching in nahezu allen Lebensbereichen verbreitet. Neben Business-orientierten Coachings sind auch Ernährungs-, Paar-, Body- bis hin zu Script-Coaching im Angebot.

1.2   Begriffsklärung

Beim Coaching geht es darum, dem Klienten ein Lernumfeld zu schaffen, in dem er seine Angst vor dem Neuen ablegen kann. Wie Kinder beim Spielen die Welt erschließen und ihre Talente dabei *entfalten*, entdeckt und überwindet der Klient seine inneren Blockaden. Dadurch wird die Freude am Entdecken des Neuen wieder geweckt und gefördert. Die schlummernden Potenziale können sich anschließend frei *enthüllen*. In Ergänzung dazu wendet sich Coaching bewusst zielgerichtet einem bestimmten vorher definierten Thema zu.

> JOHN WHITMORE definierte Coaching wie folgt:
> „Coaching setzt das Potenzial eines Menschen frei, seine eigene Leistung zu optimieren. Es hilft ihm eher zu lernen, als dass es ihn etwas lehrt!" (WHITMORE 2006)

Coaching kann damit in jedem Lebensbereich Anwendung finden (wie z.B. Ernährungs-Coaching). Es ist ganz und gar **nicht** auf das berufliche Umfeld **begrenzt.** Ein überzeugendes Coaching wird die Leistungsfähigkeit so entfalten, dass dies auf allen Lebensebenen spürbar wird.

Coaching umfasst alle Aktivitäten, die den Klienten bei der Entwicklung seiner positiven Potenziale zu einem definierten

Thema unterstützen. Dazu zählen fachliche Förderung, methodische Unterstützung, aber vor allem die **mentale Vorbereitung, Betreuung und *Motiv*ation**.

Beim Coaching schafft der Coach „ein Lernumfeld, das so machtvoll ist, dass es einen verborgenen Prozess in Gang setzt, der jedem von uns angeboren ist" (GALLWEY 2003), sodass der Klient seine **individuellen Innovations- bzw. Veränderungspotenziale** bezüglich eines bestimmten Lernziels erschließen und die damit verbundenen Hindernisse überwinden kann.

Dabei agiert der Coach weniger als Ratgeber als vielmehr als Impulsgeber für das Überwinden mentaler Muster und Hindernisse (Ängste). Der Coach führt seinen Klienten methodisch, metaphorisch, spielerisch entsprechend seinem Erfahrungshintergrund zu dessen verborgenen Potenzialen. Er hilft ihm, den Drachen (hinderliche mentale Muster) zu töten und die Tür zu seinem Schatz selbst zu öffnen.

> Im Umfeld des Sports ist der *Coach* nicht nur Trainer der sportlichen Fertigkeiten, sondern darüber hinaus ein Begleiter seiner Schützlinge. Er stärkt vor allem die mentalen Fähigkeiten der Sportler – motiviert und inspiriert sie. Dies veranschaulichte uns während der Fußballweltmeisterschaft 2006 ganz besonders eindringlich JÜRGEN KLINSMANN.

Vor diesem Hintergrund wird klar, dass der Coach nicht selbst losrennt und versucht, den Pokal zu gewinnen. Vielmehr ist es gerade im Mannschaftssport seine Aufgabe, das Team zusammenzuhalten, eine gemeinsame Identität und gegenseitigen Respekt aufzubauen. Er schwört das Team auf ein gemeinsames Ziel ein, für jeden Einzelnen stellt er den geeigneten Trainingsplan auf und motiviert bei der Umsetzung. Denn es gilt, die Stärken zu stärken und die Schwächen zu schwächen. Jedes Ziel braucht schließlich eine geeignete Strategie, die detailliert geplant und Schritt für Schritt ausgeführt werden muss. Seine unmittelbaren Aktivitäten enden, wenn die Spieler auf dem Platz sind. Dann ist es die Aufgabe der Spieler, das Erlernte Erfolg bringend einzusetzen, also eigenverantwortlich das Team zum Erfolg zu führen.

Der Coach geht davon aus, dass sein Klient die für ihn beste Lösung nur selbst *entwickeln* kann. „Nur wer sich selbst überwindet, ist unbesiegbar", weil er durch die Freude an dem, was er tut, den Weg zur wahren Quelle seiner Kraft und seines Könnens gefunden hat.

Es geht beim Coaching eben nicht nur um das Vermitteln von kühlen Techniken und Methodik, sondern um das Wiederentdecken der eigenen Werte (bzw. Wünsche) und das echte, tiefgründige Empfinden des Klienten, seine innere Stimme zu hören und ihr folgen zu können.

> So erklärt SEAN BRAWLEY, was er durch GALLWEY lernte:
> „Ich erkannte, dass ich das Spiel gespielt hatte, von dem ich glaubte, es spielen zu müssen: um die Anerkennung meiner Kollegen zu erlangen, die Erwartungen meiner Eltern zu erfüllen und vor allen Dingen, um zu gewinnen. Zum ersten Mal fragte ich mich, warum ich Tennis spielte und welcher andere Wert außer einer Trophäe dadurch wohl zu gewinnen war. Ich begann darüber nachzudenken, welche Art von Spiel ich selbst spielen wollte, welche Art von Spiel mir das größte Maß an Freude und Befriedigung bringen und mein Leben am meisten bereichern würde."
> (Vorwort zu GALLWEY 2003)

Daher sind Eigenschaften und Fähigkeiten des Coachs nicht standardisierbar und in ein vereinheitlichtes Kriterienkorsett zu packen. Denn beim Coaching geht es um *Vielfalt*, um das (Wieder-)*Entfalten* der Individualität. Der Coach muss passen – mit oder ohne Zertifikat.

1.3 Anwendungsbereiche

Das rasante Tempo von Veränderungen in allen Bereichen der Gesellschaft, von neuen Technologien, veränderten Kommunikations- und Organisationsformen bis hin zu neuen Familienstrukturen bedingt stetige Neuorientierung, das Aktivieren von Lernprozessen und das Erschließen der individuellen Potenziale.

Während in den 1980er-Jahren noch die Ideen der menschenleeren Fabrikhallen kursierten, wissen Unternehmen heute, dass ihre Mitarbeiter die größte Ressource überhaupt darstellen. Denn sie sind diejenigen, die mit ihren Kompetenzen, Erfahrungen und Ideen Veränderungsprozesse (pro) aktiv gestalten können. Coaching ist dafür ein unverzichtbares Hilfsmittel.

Coaching findet in Unternehmen vor allem Anwendung in Veränderungssituationen wie z. B.:

▶ Führungsthemen wie Verbesserung der sozialen Kompetenzen, Führungskompetenzen, Vorbereitung auf neue Aufgaben und Situationen,

▶ durch Organisationsentwicklungsmaßnahmen ausgelöste Probleme, wie der Umgang mit neuen Rollen, die Integration neuer Mitarbeiter,

▶ Umstrukturierungen im Unternehmen wie veränderter Umgang mit neuen Organisationsstrukturen, Auflösen von Widerständen gegen Veränderungsprozesse, strategische Neuausrichtung,

▶ Umgang mit strukturbedingten Stagnationen der gesamten Organisation (z. B. Umsatzstagnation) und der individuellen Entwicklung (z. B. Karrierestillstand),

▶ Kreativitätsförderung wie Abbau von Leistungs-, Kreativitäts- und Motivationsblockaden oder „innere Kündigung",

▶ zur Unterstützung von Problemlösungen in Gruppen wie die Förderung von bereichsübergreifender Teamarbeit in Projekten, Konfliktbearbeitung für Einzelne oder innerhalb von Gruppen,

▶ Outplacement (z. B. Karriereplanung für Mitarbeiter, von denen man sich trennen möchte).

Aber auch außerhalb von Unternehmen bei:

▶ beruflicher Neuorientierung,

▶ zwischenmenschlichen Konflikten,

▶ privaten Themen (z. B. Umgang mit einer (Sinn-)Krise, mangelndes Selbstvertrauen, Selbstwert stärken),

▶ Unterstützung bei akuten Konflikten, z. B. bei Beziehungskonflikten mit anderen Personen,

▶ Selbstmanagement (z. B. Zeitmanagement, Standortbestimmung, Lebensziele),

▶ Karriereplanung (Entwickeln der nächsten Karriereschritte).

Coaching geht grundsätzlich davon aus, dass jeder Mensch ein einzigartiges Potenzial in sich trägt, was dann erschlossen werden kann, wenn die betreffende Person dazu bereit ist. Dabei spielt die Freiwilligkeit eine zentrale Rolle. Nur wer sich wirklich verändern möchte und bestimmte Ziele anstrebt, kann durch Coaching die betreffenden Potenziale erschließen.

Häufige Coaching-Ausgangspunkte sind:
- Sie möchten Ihre Ziele (neu) definieren.
- Sie befinden sich in einer Sinnkrise.
- Sie wollen sich beruflich neu orientieren.
- Sie wollen sich selbstständig machen.
- Sie planen den nächsten Karriereschritt.
- Sie wollen Ihren Alltag besser organisieren.
- Sie möchten mehr aus sich und Ihrem (Berufs-)Leben machen.
- Sie haben Probleme/Konflikte in Ihrem (Arbeits-)Umfeld.
- Sie wollen unangemessene Verhaltens-, Wahrnehmungs- und Beurteilungstendenzen auflösen.
- Sie planen eine strategische Neuausrichtung Ihres Unternehmens.
- Sie wollen Ihre Führungsqualität verbessern.
- Sie wissen, was Sie nicht wollen, aber nicht, was Sie wollen.
- Bei Ihnen steht eine Entscheidung an.
- Sie leiden unter ungeklärten Beziehungen.
- Sie befinden sich im Ruhestand und fragen sich: Was jetzt?

1.4 Formen von Coaching

Unter Form versteht man im Allgemeinen die Art und Weise, wie etwas aufgebaut und strukturiert ist.

Je nachdem, welche Personen für ein Coaching zusammenkommen, ergeben sich verschiedene Formen von Coaching (Selbst-, Einzel-, Beziehungs- und Gruppen-Coaching), die im Folgenden beschrieben werden.

Selbst-Coaching

Selbst-Coaching ist die bewusste und gezielte Auseinandersetzung mit den eigenen Denk- und Verhaltensmustern. Anlass dafür sind meist aktuelle berufliche, familiäre, gesundheitliche oder andere private Fragestellungen, Probleme bzw. Herausforderungen, die beantwortet oder gelöst werden müssen.

Beim Selbst-Coaching wird mithilfe von **Ratgebern** oder auch **Seminaren** zunächst **eigenständig** und **ohne direkte fremde Hilfe** anhand von Fragen eine möglichst umfangreiche und tief gehende Bestandsaufnahme durchgeführt. Daraus verdichtet sich systematisch ein präzise formuliertes Problem. Eindeutig und klar definierte Probleme sind häufig umgekippte Ziele. Ein klares Ziel wiederum erleichtert das Entwickeln von Lösungsansätzen und die Planung der ersten Schritte.

Selbst-Coaching ist im Grunde nichts anderes als eine **systematische Selbstreflexion** anhand von **strukturierten Fragen**, die es ermöglichen,

- die eigenen Denk- und Verhaltensweisen kritisch zu durchleuchten,
- ohne fremde Hilfe Denkblockaden zu überwinden,
- Lösungswege zu entwickeln und
- individuelle Veränderungen im Denken und Handeln zu vollziehen.

Einzel-Coaching

Im Einzel-Coaching unterstützt ein professioneller Coach eine Person, die ein bestimmtes Problem lösen möchte oder bereits ein konkretes Ziel verfolgt.

Da unsere Denk- und Verhaltensweisen sich zumeist unbewusst vollziehen und zu „Gewohnheiten" geworden sind, die unseren sozialen Prägungen entspringen, empfinden wir sie zunächst nicht als etwas Störendes. Es bedarf oft eines schwierigen und beharrlichen Prozesses, um gewohnte, erstarrte und blockierende Muster überhaupt zu erkennen und schließlich aufzubrechen.

 So mag sich manch einer mit einem Thema bereits einige Zeit mithilfe von Selbst-Coaching zielgerichtet bemüht haben und dennoch nicht zu einer Lösung vorgedrungen sein, weil sich die wahren Wünsche und auch Potenziale häufig tief in unserem Inneren verborgen haben, überlagert von all dem angeeigneten Wissen darüber, was sein sollte, und anerzogenen Verhaltensregeln.

An dieser Stelle fehlte es bisher einfach an der geeigneten Unterstützung. Hier kann der professionelle Coach in der Einzelarbeit dem Klienten als interaktives Spiegelbild Hilfestellung bieten. Seine Aufgabe besteht darin,

▶ gezielt Fragen zu stellen, sodass zunächst das Thema oder Problem deutlich erkannt und klar beschrieben werden kann,

▶ Techniken einzusetzen, sodass der Gedankenhorizont erweitert werden kann, Denkblockaden überwunden und neue Lösungsmöglichkeiten überhaupt erst entdeckt werden können,

▶ Lösungsmöglichkeiten auszuwählen,

▶ Ziele und erste Schritte konkret und überschaubar zu formulieren,

▶ die Umsetzung zu begleiten – wenn gewünscht.

Einzel-Coaching wird meist eingesetzt bei:

▶ beruflichen Neu- oder Umorientierungen (z.B. Übernahme von Führungsaufgaben, Bewerbungen in ein anderes Unternehmen),

▶ Existenzgründung (z.B. Standortbestimmung, Führungsaufgaben, Networking),

▶ außergewöhnlichen beruflichen Belastungen (z.B. Konflikte mit Vorgesetzten, Mitarbeitern oder Kollegen, Unternehmenskrisen),

▶ persönlichen Schicksalsschlägen (z.B. Tod eines Angehörigen, Scheidung, plötzliche Krankheit),

▶ persönlicher Entwicklung (z.B. Gesundheitsthemen).

> Selbst- und Einzel-Coaching-Arten können sein: Selbstmanagement/Life-, Karriere-, Führungs-, Strategie-, Konflikt- und Gesundheits-Coaching.

Beziehungs-Coaching

Beim Beziehungs-Coaching geht es um die erfolgreiche Gestaltung von Beziehungen. Es kann sich dabei um

▶ Paare handeln, die ihre Beziehung verbessern oder retten wollen,

▶ zwei oder mehrere Personen handeln, die im beruflichen oder privaten Umfeld Konflikte haben,

▶ zwei oder mehrere Führungskräfte handeln, die z.B. bei der Strukturierung ihrer Aufgaben festgefahren sind und anderweitig externe Unterstützung brauchen.

Im Zentrum des Beziehungs-Coachings steht das zentrale Anliegen von (mindestens) zwei Personen, eine gelungene **soziale Beziehung herzustellen**, d.h. Konflikte zu lösen oder ihnen vorzubeugen.

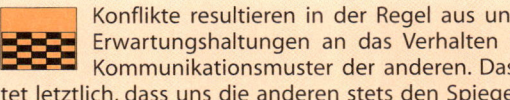 Konflikte resultieren in der Regel aus unerfüllten Erwartungshaltungen an das Verhalten bzw. die Kommunikationsmuster der anderen. Das bedeutet letztlich, dass uns die anderen stets den Spiegel für unsere eigenen Denkblockaden vorhalten.

Konfliktfähigkeit bedeutet die Akzeptanz der jeweils anderen Persönlichkeit und die Wahrung ihres individuellen Freiraums im Rahmen des sozial vereinbarten Miteinanders.

HENRY FORD soll gesagt haben: „Wenn es ein Geheimnis des Erfolgs gibt, so ist es dies: Den Standpunkt der anderen verstehen und die Welt mit ihren Augen sehen."

Da genau dies eine Herausforderung bei der erfolgreichen Gestaltung von sozialen Beziehungen darstellt, lassen sich hieraus auch die Ziele des Beziehungs-Coachings ableiten:

▶ **Standpunkte klären**: Die Sichtweisen der Partner, Kollegen etc. bezüglich des Themas anhand der Coaching-Ebenen sachlich herausarbeiten und klar formulieren.

▶ **Muster erkennen**: Durch die präzise Beschreibung der individuellen Sichtweisen werden Bedürfnisse, aber auch Grenzen des eigenen Handlungsspielraums sowie (Konflikt-)Muster in der Interaktion sichtbar aufbereitet.

▶ **Handlungsspielraum erweitern**: Das Erkennen der eigenen Muster ermöglicht den Blick über den Tellerrand. Die Erweiterung des Handlungsspielraums wird entweder erkannt oder kann mithilfe von Techniken ermöglicht werden.

▶ **Beziehungsmuster durchbrechen**: Liegen die Sachverhalte (Beziehungs-, Konflikt-, Kommunikationsmuster) sichtbar auf dem Tisch, kann man sie sich anschauen und damit arbeiten. An dieser Stelle werden Handlungsmöglichkeiten erweitert, neue Wege identifiziert, **Lösungen entwickelt und** teilweise **eingeübt**.

▶ **In den Alltag integrieren**: Ein neues Verhalten in den Alltag zu integrieren ist immer eine Herausforderung. Allein das Essverhalten zu verändern braucht Zeit, kleine Schritte und hin und wieder ein kleiner Anstoß von außen können sehr hilfreich sein. Besonders schwierig wird es, wenn eine ganze Familie davon betroffen ist. Tanzt einer aus der Reihe, kann das ganze schöne neue Konzept wieder zunichte sein.

> Beziehungs-Coaching-Varianten können z.B. sein: Konflikt-, Partnerschafts-, Strategie-Coaching bei Doppelspitzen.

Gruppen-Coaching

Beim Gruppen-Coaching unterstützt der Coach eine Gruppe, gemeinsam an einem Thema, Problem oder Ziel zu arbeiten. Da sich diese Form schwer von Workshops, Gruppensupervision oder Teamentwicklungen abgrenzen lässt, ist sie unter Experten teilweise umstritten.

> Es sei daher an dieser Stelle darauf hingewiesen, dass Coaching aus dem Sport abgeleitet wurde und es gerade hier üblich ist, dass ganze Mannschaften auf ein gemeinsames Ziel hinarbeiten, z.B. Fußballweltmeister zu werden. Daher ist es nur logisch, dass Gruppen-Coaching eine eigene Coaching-Form darstellt.

Arbeitsaufgaben werden immer komplexer. Dies erfordert häufig eine interdisziplinäre und multinationale Zusammenarbeit von Personen aus unterschiedlichen Verantwortungs-, Gesellschafts- und/oder Themenbereichen. Die Unterschiedlichkeit der Teammitglieder aber erhöht das Konfliktpotenzial aufgrund unterschiedlicher

▶ kultureller Prägungen, Arbeits- und Kommunikationsstile,

▶ Sichtweisen wegen ungleicher Ausbildungen oder Informationen,

▶ Ressourcenverteilung etc.

Daraus resultieren in Arbeitsgruppen häufig Unsicherheiten und unklare Erwartungen aneinander. Hinzu kommt, dass Veränderungen innerhalb der Organisation häufig Widerstände bei den Mitarbeitern erzeugen.

Gruppen-Coaching zielt darauf, dass die Gruppe bzw. das neu entwickelte Team in ihrer gemeinsamen Arbeit an aktuellen Problemen oder konkreten Zielen über sich hinauswächst und dieses gemeinsame Erleben als Basis für eine neue Entwicklung nutzt.

Beim Gruppen-Coaching richtet der Coach seine Aufmerksamkeit darauf:

▶ die gesamte Gruppe auf ein Ziel einzuschwören und eine gemeinsame Strategie zu verfolgen,

▶ die unterschiedlichen Sichtweisen und Werte in Richtung Zielsetzung zu lenken,

▶ die individuellen Stärken auf die Zielerreichung zu lenken, sodass individuelle Blockaden überwunden oder ausbalanciert werden,

▶ Konflikte jederzeit als Chance zu verstehen und konstruktiv zu lösen,

▶ Kommunikation und Kooperation zu optimieren,

▶ das Handeln jedes Einzelnen und daraus resultierende Konsequenzen im Kontext der Gruppe zu reflektieren,

▶ jeden Einzelnen im Auge zu behalten und gegebenenfalls ein individuelles Trainingsprogramm zu entwickeln,

▶ eine Teamidentität zu entwickeln und darauf zu achten, dass vereinbarte Regeln für die Zusammenarbeit eingehalten werden,

▶ dass die zur Zielerreichung notwendigen Schritte auch tatsächlich durchgeführt werden.

> Gruppen-Coaching-Varianten sind z.B.:
> Team-, Projekt-, Prozess-Coaching.

1.5   Coaching-Varianten

Coaching kann für die Bearbeitung und Entwicklung aller Themen des Lebens angewendet werden. Covey (1996) und Seiwert (2002) gehen davon aus, dass es für das Wohlbefinden eines Menschen vier grundsätzliche Bedürfnis- bzw. Entwicklungsbereiche gibt (Bild 1):

▶ **Körper und Gesundheit**: Die physische Ebene – Leben – beschäftigt sich im Wesentlichen mit Bewegung, Ernährung, Entspannung, Kleidung, Wohnen und Umfeld. Fließt die Energie im Körper und in der unmittelbaren Umgebung gut, dann fühlt man sich auch frisch, gesund und aktiv.

▶ **Familie und Beziehungen**: Die psychosoziale Ebene – Lieben – beschäftigt sich im Wesentlichen mit der Gestaltung von Beziehungen und wodurch diese beeinflusst werden wie Emotionen, Bedürfnisse, Motivation, Kommunikation, Konflikte, Partnerschaft, Familie, Freundschaft und Networking.

▶ **Beruf und Karriere**: Die mentale Ebene – Lernen – beschäftigt sich mit den individuellen Entwicklungsmöglichkeiten durch Lernen, Selbstwahrnehmung, Wertschätzung, Selbstbewusstsein, Orientierung, Zeitmanagement, Selbstmarketing, Karriere, persönlichen Erfolg und Reichtum.

▶ **Sinn und Erfüllung**: Die spirituelle Ebene – sich verbinden mit etwas „Höherem" – beschäftigt sich mit der Suche nach Sinn und Einklang sowie dem Zugang zu schöpferischem Tun.

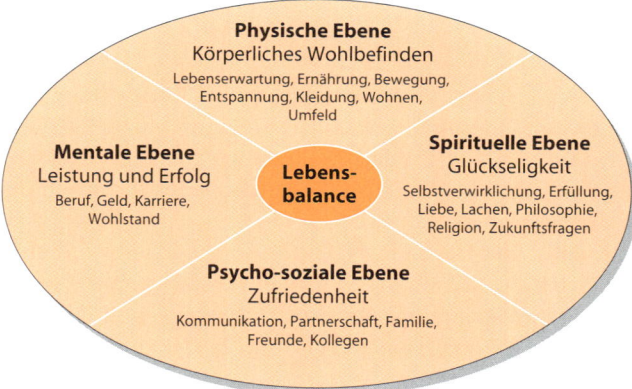

Bild 1: *Lebensbereiche*

Coaching braucht einen **Anlass** oder **ein konkretes Ziel**. Es kommt in der Regel dann zustande, wenn auf einer dieser Ebenen ein Thema – Problem oder Ziel – erkannt wird. Beispielsweise war die Fußballweltmeisterschaft 2006 ein Anlass, JÜRGEN KLINSMANN als neuen Trainer der Nationalmannschaft einzusetzen. Er stellte eine komplett neue Nationalelf zusammen, setzte gänzlich neue Trainingsmethoden ein und handhabe auch sonst vieles globaler, moderner und unkonventioneller. Das gefiel anfangs wenigen, am Ende der WM aber verschaffte es den Deutschen nicht „nur" eine über sich selbst hinausgewachsene, sehr edle deutsche Fußballnationalmannschaft, sondern der ganzen Nation ein neu gewonnenes Identitätsgefühl. Herzlichen Dank Herr KLINSMANN – das war vorbildliches Coaching für eine ganze Nation!!!

Selbstmanagement/Life-Coaching

Viele Menschen versuchen über das traditionelle Zeitmanagement ihr Leben *in den Griff zu kriegen* und kommen damit entweder nicht zurecht, sind enttäuscht oder fühlen sich letztlich vom Kalender gesteuert.

Es macht aber eben wenig Sinn, sein Glück in einer alles umfassenden Kontrolle zu suchen. Wir können stattdessen Klarheit über unsere Stärken und Werte schaffen, bewusst unsere Identität formen und unseren tiefsten inneren Wünschen folgen.

Übung: Selbstmanagement

Stellen Sie sich die Frage, was in fünf Jahren in Ihrem Leben anders sein wird?

1. Nehmen Sie Farbstifte und ein Blatt Papier.
2. Teilen Sie das Blatt in vier gleiche Teile (Körper und Gesundheit, Familie und Beziehungen, Beruf und Karriere, Sinn und Erfüllung).
3. Schließen Sie die Augen und „beamen" Sie sich genau fünf Jahre weiter.
4. Schreiben Sie in die Quadranten, was sich verändert hat.

Formulieren Sie nun Ihr Leitbild. Schreiben Sie fünf Minuten, ohne den Stift abzulegen, Ihr persönliches Leitbild auf.

- Schreiben Sie in der Gegenwart.„Ich bin …, Ich habe …
- Schreiben Sie, ohne nachzudenken, hören Sie auf Ihre innere Stimme.
- Vertrauen Sie auf Ihre innere Weisheit.
- Stoppen Sie nach fünf Minuten.

Karriere-Coaching

Beim Karriere-Coaching geht es um den Beruf und die berufliche Entwicklung. Beruf leitet sich von Be**ruf**ung ab. Daher geht es vor allem darum, festzustellen, worin die jeweilige Person ihre wahre Erfüllung findet. Es geht um Fragen wie:

▶ Was passt zu meiner Persönlichkeit, meinen Qualifikationen und Kompetenzen?

▶ Was sind meine Stärken und wo liegen die Schwächen?

▶ Welche Schwierigkeiten habe ich im Moment und wie kann ich sie ausräumen?

Karriere-Coaching hat das Ziel, Menschen mit solchen oder ähnlichen Fragen auf ihrer Suche nach einer Stelle oder der Gestaltung ihrer Selbstständigkeit zu begleiten. Es kann darum gehen, einen gelungenen Berufseinstieg oder einen Stellenwechsel zu gestalten.

Es geht auch hier um einen Übergang, der sich nicht immer einfach und leicht gestalten lässt. Deshalb entschließen sich viele, die Begleitung eines erfahrenen Karriere-Coachs einzuholen.

Dieser unterstützt bei der persönlichen Standortbestimmung, dem Erstellen der Bewerbungsunterlagen und während der gesamten Bewerbungsphase.

Führungs-Coaching

Junge Führungskräfte, aber auch erfahrene Manager sollten von Zeit zu Zeit eine persönliche Standortbestimmung machen, eigene Ressourcen definieren und ihre weitere Entwicklung planen (siehe Life- oder Karriere-Coaching). Hierfür kann die Rückmeldung eines unabhängigen Coachs hilfreich sein, der sie dabei unterstützt, realistische, herausfordernde und zur persönlichen Lebensplanung passende Ziele zu verfolgen und geeignete Schritte dorthin zu identifizieren.

Persönliche Führungsprobleme oder durch Dauerstress ausgelöste latente oder offene Konflikte mit Mitarbeitern oder übergeordneten Führungskräften werden verständlicherweise ungern im Führungstraining angesprochen. Ein Einzel-Coaching ist dafür meist die einzige Option.

Strategie-Coaching

Eine Sonderform des Führungs-Coachings ist das Strategie-Coaching. Hier geht es darum, die Führungskraft bei der Entwicklung von Unternehmenszielen und einer adäquaten Strategie zu unterstützen. In der Regel kennen Führungskräfte oder Unternehmer ihr Unternehmen, ihre Branche und ihren Markt am allerbesten.

Nur manchmal fehlt es einfach an der nötigen Ruhe und Distanz, um all die Detailkenntnis schlüssig auf den Punkt zu bringen und die Richtung klar zu bestimmen.

Um diese Kenntnisse, dieses Wissen und die Intuition der Führungskraft systematisch und schlüssig in eine klare Zielformulierung sowie die dazugehörige maßgeschneiderte Wegbeschreibung zu bringen, bietet Strategie-Coaching die notwendige Unterstützung und das entsprechende Ambiente.

Konflikt-Coaching

Konflikte sind das Salz in der Suppe einer Beziehung, denn sie enthalten die größten Lern- und Entwicklungspotenziale. Konflikte können verschiedene Ursachen haben. Es ist notwendig, zunächst zu unterscheiden, um welche Konfliktart es sich handelt, denn jede erfordert eine andere Vorgehensweise:

▶ Bei Sachkonflikten handelt es sich um einen unterschiedlichen Informationsstand bezüglich eines Themas. Die unterschiedlichen Wissensstände müssen in diesem Fall ausgeglichen werden.

▶ Bei Interessenkonflikten gibt es unterschiedliche Vorstellungen über bestimmte Ziele oder Vorhaben, die entweder durch Verhandlung ausgeglichen oder kreative Lösungsfindung überwunden werden können.

▶ Verteilungskonflikte sind Kämpfe um knappe Ressourcen. Es gilt, Transparenz über die verfügbaren Mittel und deren Verwendung zu schaffen sowie Verständnis bei den Konfliktparteien zu erreichen.

▶ Beziehungskonflikte ergeben sich aus Projektionen und Kommunikationsmustern. Hier werden unmittelbar und direkt individuelle Störfelder gespiegelt, die es herauszuarbeiten gilt.

▶ Wertkonflikte ergeben sich aus Ethnozentrismus, d.h. Projektionen aus dem eigenen Kulturkreis auf einen anderen.

Projekt-Coaching

Ziel des Projekt-Coachings ist es, wie der Name schon sagt, Projektleiter, Projektteams oder einzelne Projektmitarbeiter dahingehend zu unterstützen, dass das Projektziel erreicht werden kann. Es findet zunächst eine Standortbestimmung statt: Warum ist das Thema ein Thema? Oder was genau ist das Problem? Welche konkreten Sollvorstellungen gibt es? Welche Hindernisse sind aufgetreten? Und wie können sie überwunden werden? Meistens handelt es sich um Sachkonflikte, die aufgrund der neuartigen Aufgabenstellung zu Verstimmungen bzw. zu inneren Blockaden führen.

Manchmal mündet die Thematik jedoch in ernstzunehmenden persönlichen Konflikten und ein Konflikt-Coaching ist notwendig.

Team-Coaching

Der Übergang von der Teamentwicklung zum Team-Coaching ist fließend. Hier geht es vor allem darum, ein Team beim Entwickeln und Umsetzen seiner strategischen und verhaltensorientierten Ziele zu unterstützen. Dabei kann das gesamte Team gecoacht werden wie beispielsweise beim Fußball. Es kann aber auch durchaus vorkommen, dass einzelne Teammitglieder ein Einzel-Coaching erhalten.

Auch kann in diesem Zusammenhang Konflikt-Coaching zum Einsatz kommen.

Ernährungs-Coaching

Ernährungs-Coaching hilft, Schritt für Schritt neue Ess- und Lebensgewohnheiten in den Alltag zu integrieren, ohne zu verzichten. Beim Ernährungs-Coaching geht es nicht um Diäten, sondern darum, wie man mit Spaß fit, schlank und schön werden kann. Der Klient lernt, sich erreichbare Ziele zu stecken (z. B. täglich zwei Liter Wasser zu trinken), sie im Alltag umzusetzen und bekommt dabei praktische Hilfestellung: Ob Kühlschrankcheck, Warenkunde oder Tipps zur Speisenauswahl im Restaurant bis hin zu Einkaufsbummel oder einfachen Rezepten. Kurzum, der Ernährungs-Coach unterstützt dabei, die passende Ernährung zu finden und in den gewohnten Alltag zu integrieren.

Body- oder Personal-Coaching

MADONNA, HEIDI KLUM und auch viele andere Menschen, die aus professionellen Gründen schön aussehen müssen, haben einen Body- oder Personal-Coach. Dieser steckt mit seinen Klienten die Fitnessziele ab und unterstützt sie, realistische Pläne zu machen und diese auch kontinuierlich zu absolvieren.

Körperlich aktiv zu sein ist ein Urzustand des Menschen. Seine Haltung, sein Gang, seine Bewegungen oder der Laufstil sind unbestechliche Anzeiger seines Seelenzustands. Wer sich bewusst und harmonisch bewegt, gibt die verspannten Bereiche seines Körpers frei, kann Schritt für Schritt den Alltag abschütteln, in eine heilsame Form der Spiritualität eintauchen und seine Selbstheilungskräfte aktivieren.

1.6 Die Rolle des Coachs

Eigenschaften des Coachs

> Der Begriff „Coach" ist keine geschützte Berufsbezeichnung und stammt, wie bereits erläutert, zunächst aus dem Profisport. Hier ist der Mannschafts-Coach im Gegensatz zum Business-Coach Entscheidungsträger und steht selbst direkt in der Verantwortung für die Zielerreichung. Der Business-Coach ist nie der Entscheidungs- und Verantwortungsträger für die Geschäftserfolge.

Beide Coach-Typen stehen jedoch beim eigentlichen Spiel außerhalb des Spielfeldes.

Der Coach bereitet seine Klienten oder eben Sportler auf ihre Aufgaben vor. In jedem Falle sollte der Coach daher über umfangreiche Kenntnisse über das Berufsfeld des Klienten verfügen. Da der Business-Coach andere Aufgaben als der Mannschafts-Coach hat, sind Detailkenntnisse des Geschäfts nicht zwingend notwendig. Zumindest aber muss er ein Grundverständnis für die Aufgaben seiner Klienten haben. Dafür sind Berufs- und Lebenserfahrung zwingend notwendig.

Ein gelungenes Coaching hängt von der **Persönlichkeit** des Coachs, seinen **Fähigkeiten** und vor allem seinen **Erfahrungen** ab. Der Coach setzt, neben seiner umfangreichen fachlichen und methodischen Kompetenz, vor allem seine Sozial- und Beziehungskompetenz ein.

Ein erfolgreicher Coach verfügt über:

▶ **Kooperationsfähigkeit**: Er kann leicht ein Vertrauensverhältnis mit Einzelpersonen und Gruppen aufbauen. Er ist in der Lage, dem Klienten Sicherheit im Veränderungsprozess zu vermitteln.

▶ **Wahrnehmungsfähigkeit**: Er kann achtsam und mit allen verfügbaren Sinnen seinen Klienten in jedem Augenblick ganz bewusst wahrnehmen, ohne zu bewerten und Schubladen zu öffnen.

▶ **Kommunikationsfähigkeit**: Er hört aufmerksam zu, stellt problemlösungsorientierte Fragen, erkennt Bedürfnisse, Erwartungen, Wünsche und Probleme seines Klienten.

▶ **Herzlichkeit**: Er schafft eine warmherzige, wertschätzende und offene Atmosphäre. Er erkennt die Stärken seines Klienten genauso, wie er die Schwächen als Veränderungspotenziale wahrnimmt.

▶ **Motivationsfähigkeit**: Er versucht, die vorhandenen Potenziale jedes Teams oder Einzelnen zu fördern und zu erweitern.

▶ **Analytisches Denken**: Er erfasst schnell das eigentliche Kernproblem.

▶ **Strukturiertes Vorgehen**: Er kann unterschiedlichste Methoden der Gruppen- und Einzelarbeit situationsadäquat einsetzen.

▶ **Kritik- und Konfliktfähigkeit**: Er sieht unterschiedliche Meinungen als Chance und Konflikte als Möglichkeit, neue Lösungswege zu finden.

▶ **Veränderungsfähigkeit**: Er hat die Erfahrung von tief greifenden Veränderungsprozessen und weiß um seine eigenen Schwächen und Begrenzungen.

Den passenden Coach finden

Fragen Sie sich zuerst:

▶ Was genau ist mein Problem, Thema oder Ziel?

▶ In welchem Lebensbereich ist es angesiedelt (Beruf, Gesundheit, Familie, Sinnsuche)?

▶ Wer ist von diesem Thema noch betroffen (Partner, Kollegen, Mitarbeiter, Kinder etc.)?

▶ Über welche Kenntnisse und Erfahrungen sollte mein Coach daher verfügen?

Erst wenn Sie für sich diese Fragen abgeklärt haben, sollten Sie sich auf die Suche nach Ihrem Coach begeben:

▶ „Coach" ist kein geschützter Beruf. Jeder darf sich so nennen. Verlangen Sie daher ein Vorgespräch, bei dem Ihnen der Coach sein Vorgehen erklärt. Seriöse Coachs arbeiten transparent und können Ihnen ihre Arbeitsweise genau erläutern.

▶ Ein guter Coach ist spezialisiert – z. B. auf die Beratung bei persönlichen, beruflichen oder unternehmerischen Fragen (selbst wenn sich diese beim Coachen nicht sauber trennen lassen). Trotzdem gilt: Ein Coach, der behauptet, er sei für alle Problemlagen fit, ist kein guter Coach.

▶ Lassen Sie sich auch einen ausführlichen Lebenslauf zeigen, aus dem hervorgeht, welche Ausbildungen diese Person durchlaufen und welche Lebens- und Berufserfahrung sie gesammelt hat.

▶ Vertrauen Sie auf Ihr Gefühl. Wenn Sie beim Vorgespräch das Gefühl haben, „die Chemie stimmt nicht" oder „der Coach kann mir nicht helfen", sollten Sie sich einen anderen suchen.

▶ Holen Sie mehrere Angebote ein und vergleichen Sie diese. Fragen Sie den Coach nach Referenzen. Nennt er Ihnen dann Referenzen ohne ausdrückliche Erlaubnis seiner Klienten, ist Vorsicht geboten. Dann hält er sich nicht an die zugesagte Diskretion.

▶ Fragen Sie den Coach, wo für ihn die Unterschiede zwischen Therapie und Coaching liegen. Ein professioneller Coach hat hierzu einen klaren Standpunkt.

▶ Schließen Sie mit Ihrem Coach eine schriftliche Vereinbarung, wie oft, wie lange und in welchem zeitlichen Abstand Sie sich treffen. Klären Sie mit ihm zudem, inwieweit er Ihnen auch zwischen den Sitzungen als Ansprechpartner zur Verfügung steht.

▶ Vereinbaren Sie mit ihm auch, bis wann Ihr Thema abgeschlossen sein sollte, denn ein Coaching ist stets zeitlich begrenzt. Wenn sich nach drei Sitzungen keine spürbare innere Erleichterung bzw. ein Gefühl, dass sich etwas in Bewegung setzt, einstellt, sollten Sie nach neuen Lösungswegen suchen.

 Nicht jeder empfohlene gute Coach muss zwangsläufig wirklich hilfreich für **Sie** und **Ihr** Anliegen sein.

1.7 Die Führungskraft als Coach

Die Führungskraft als Coach ist analog einem Mannschaftstrainer zu sehen, der seine Mannschaft zusammenstellt, sie auf ein gemeinsames Ziel einschwört, gemeinsam mit dem Team eine geeignete Strategie ausarbeitet und das Trainingsprogramm danach ausrichtet. Für jeden Wettkampf analysiert der Coach die Spielführung des Gegners und versorgt sein Team mit entscheidenden strategischen und taktischen Informationen. Er bespricht die Spieltaktik, trainiert die Spielzüge und sorgt für die mentale Fitness seiner „Schützlinge". Seine unmittelbaren Aktivitäten enden, wenn die Spieler auf dem Platz sind. Dann ist es die Aufgabe der Spieler, das Erlernte Erfolg bringend einzusetzen. Für den (Gesamt-) Erfolg ist dennoch der Coach verantwortlich.

Auf die Führungskraft übertragen heißt dies, sich seiner eigenen Stärken und Schwächen bewusst zu sein, die Mitarbeiter als ganze Persönlichkeiten wertschätzend wahrzunehmen und ein gemeinsames Ziel anzustreben. Denn nicht nur im sportlichen Wettkampf entscheidet teamorientiertes Zusammenspiel über Sieg oder Niederlage, sondern vor allem im Wettbewerb um den Kunden am Markt.

„Wer sich selbst überwindet, ist unbezwingbar." Dies erfordert die Bereitschaft, selbst innere Blockaden zu überwinden, das Altbewährte immer wieder kritisch auf den Prüfstand zu stellen, sich auch gegen äußere Zwänge selbst treu zu bleiben und seiner eigenen Intuition zu folgen, seiner Sache den eigenen Ausdruck zu verleihen und mit dem Herzen bei der Sache zu sein. Dann werden auch die Kunden jubeln.

KLINSMANN hat uns das unvergesslich deutlich gemacht.

1.8 Voraussetzungen und Grenzen für Coaching

Voraussetzungen für Coaching

Voraussetzung für jedes Coaching ist das Vereinbaren von Regeln als vertrauensstiftende Maßnahme zwischen Coach und Klienten.

Persönliche Akzeptanz: Zwischen Coach und Klienten muss die „Chemie" stimmen. Gegenseitiges Vertrauen, Respekt und Wertschätzung zwischen Coach und Klienten ist die Grundvoraussetzung für das Zustandekommen von Coaching.

Freiwilligkeit: Das Coaching muss vom Klienten gewünscht und gewollt sein. Der Klient braucht ein tiefes inneres Bedürfnis sowie eigenständiges und begründetes Interesse an einem Veränderungsprozess. Der Coach sollte durch konkretes Nachfragen sicherstellen, dass dies gewährleistet ist, da ein erzwungenes Coaching z.B. durch einen Vorgesetzten oder den Lebenspartner zu keinem befriedigenden Erfolg führen kann.

Unabhängigkeit: Umgekehrt muss auch der Coach frei von ökonomischen Zwängen sein, denn der Veränderungsprozess sollte möglichst schnell und weitgehend unabhängig erzielt werden.

Wenn ein Klient nach drei Sitzungen noch keine spürbare Erleichterung wahrnimmt, sollte er vielleicht Ausschau nach einem anderen Coach halten.

Verschwiegenheit: Alles, was während der Sitzungen passiert, bleibt vertraulich bei den Coaching-Partnern. Es dient auf gar keinen Fall zur Beurteilung des Gecoachten zum Zwecke Dritter. Der Coach ist ausschließlich dem Klienten verpflichtet. Das gilt auch, wenn ein Unternehmen den Auftrag für Coachings veranlasst. Der Auftraggeber hat kein Recht, persönliche Informationen über den Klienten zu erhalten, es sei denn, der Klient will es anders.

Eigenverantwortung: Der Coach liefert dem Klienten den geschützten Raum, die verfügbare Zeit und die methodische Kompetenz zur Gestaltung des vom Klienten selbst gewählten Veränderungsthemas.

Der Coach muss darauf achten, dass diese Voraussetzungen gewährleistet sind. Alle Punkte sollten daher offen mit dem Klienten geklärt werden.

Grenzen von Coaching

Coaching versus Psychotherapie

Coaching zielt darauf, die versteckten Potenziale zu erschließen. Psychotherapie geht von einem Krankheitsbild aus, arbeitet vor allem an Ursachen orientiert. Sie schaut sich die Vergangenheit an und versucht, Erklärungen zu finden, warum der Patient sich in welcher Situation wie verhalten hat und mit welchen Gefühlen das verbunden war. Coaching ist zukunfts- und zielorientiert, Psychotherapie eher vergangenheits- und problemorientiert.

Coaching versus Beratung

Bei einer Beratung erwartet der Klient eine fachliche Meinung, einen Rat, eine Stellungnahme z. B. von einem Anwalt. Der Berater liefert eine fertige Lösung für ein bestehendes Problem, z. B. kann er die Steuererklärung ausführen.

Der Coach hingegen unterstützt den Klienten beim Erreichen seiner Zielsetzung. Wie im Sport bereitet der Coach den Weg zu höherer Leistungsfähigkeit. Die Leistung erbringt der Klient aber selbst.

Dennoch wird der Coach häufig auch als fachlicher Ansprechpartner bei bestimmten Anliegen gesehen und um einen Ratschlag oder eine persönliche Stellungnahme gebeten. Sofern dies für den Beratungsprozess sinnvoll ist und der Coach über die entsprechende fachliche Kompetenz verfügt, kann dies ein Teil von Coaching-Prozessen sein.

Coaching versus Training

Im Zentrum eines Trainings steht das Lernen bzw. der gezielte Aufbau konkreter Fähigkeiten oder Fertigkeiten, das Vermitteln einer bestimmten Methodik. Diese wird trainiert, bis sie vom Klienten beherrscht wird. Die individuellen Bedürfnisse des Klienten sind dabei zwar maßgeblich, aber den Schwerpunkt bilden die Trainingsinhalte (z. B. Kommunikations-, Moderatoren-, Verkaufstrainings). Training kann als Maßnahme im Coaching eingesetzt werden, z. B. um neue Verhaltensweisen zu üben.

Beim Coaching steht der Mensch im Mittelpunkt. Hier wird entweder die Technik gefunden, die für den Klienten die beste ist, oder eine individuelle Lösung entwickelt, die ihm entspricht.

Coaching versus Mentoring

Mentoring meint die „Patenschaft" zwischen einem jungen bzw. neu zu einer Organisation hinzugekommenen Mitarbeiter und einer erfahrenen Führungskraft. Aufgabe des Mentors ist die Vermittlung organisationsspezifischen Wissens, die Bindung an die Organisation und teilweise auch eine karrierebezogene Beratung. Mentoring zielt darauf ab, High Potentials zu fördern, Fluktuationskosten zu reduzieren und Konflikte bei der Integration neuer Mitarbeiter zu vermeiden. Coaching in unserem Verständnis kann somit eine zusätzliche Komponente im Rahmen einer Mentoring-Beziehung darstellen.

Coaching versus Supervision

Supervision im herkömmlichen Sinne ist nicht zielorientiert, sondern beobachtet den Klienten in seinem Alltag, deckt Probleme auf und entwickelt von dort mit dem Klienten Lösungsansätze. Die Grenzen zwischen Coaching und Supervision können fließend sein. Coaching legt seinen Schwerpunkt auf Persönlichkeitsentfaltung. Supervision setzt auf aktuelle Problemlösung.

Coaching versus Freundschaft

Coaching ist eine professionelle Dienstleistung. Während der professionellen Dienstleistung, die vergütet wird, sind sämtliche privaten Einladungen des Klienten für den Coach tabu. Ebenso gehören private Themen oder Wünsche des Coachs nicht in diese „dienstliche" Beziehung.

2   Ebenen des Coachings

Entsprechend den Überlegungen des Anthropologen GREGORY BATESON (1985), dass es mehrere grundlegende Ebenen für Lernen und Veränderung gibt, entwickelte ROBERT DILTS das Modell der logischen Ebenen. Dieses Modell leistet für den Coaching-Prozess fundamentale Dienste. Coaching muss demnach die folgenden Ebenen berücksichtigen (DILTS 2005):

▶ **Umgebung**: Jedes Verhalten vollzieht sich in einem ganz konkreten Umfeld (z.B. Personen, Räumlichkeiten, Ort, Kleidung, Kultur, Herkunft etc.). Die Umgebung bestimmt Möglichkeiten und Einschränkungen für das Verhalten einer Person. (**Wo** und **wann** findet etwas statt?)

▶ **Verhalten**: Jedes Verhalten hat Wirkungen und Konsequenzen auf andere Personen. Es umfasst die einzelnen Handlungen und Reaktionen einer Person in der Umgebung – dem speziellen Kontext. (Welches Verhalten kann von außen mit den Sinnen wahrgenommen werden? **Was** kann man ganz konkret beobachten, sehen, hören, fühlen, riechen, schmecken?)

▶ **Fähigkeiten und Fertigkeiten** leiten Verhaltensweisen durch eine mentale Landkarte, einen Plan, eine Strategie und geben ihnen Richtung. (**Wie** wird etwas getan? Welche Stärken sind vorhanden und können ausgebaut werden? Wie können die vorhandenen Potenziale genutzt und weiterentwickelt werden? Welche Strategie steckt hinter dem Verhalten?)

▶ **Glaubenssätze und Werte** dienen als Filter-, Bewertungs- und Auswahlfunktionen hinsichtlich aller auf eine Person einwirkenden Einflüsse. Glaubenssätze und Werte motivieren oder hemmen bestimmte Verhaltensweisen und Fähigkeiten. (**Wofür** tue ich etwas?)

▶ **Identität** umfasst die Rolle, die Berufung und/oder das Selbstverständnis eines Menschen. Sie bezieht sich auf die Frage: **Wer** bin ich?

▶ **Vision und Sinn**: Hier wird die Frage nach dem höheren Sinn geklärt. (**Wozu** tue ich etwas? Was ist meine Aufgabe?)

Diese Ebenen müssen in jedem Coaching berücksichtigt werden. Das Modell besagt, dass die einzelnen Ebenen nicht unabhängig voneinander verändert werden können, denn beispielsweise das Aneignen bestimmter Fähigkeiten nützt wenig, wenn weder deren Sinn noch deren Einsatzmöglichkeiten klar sind.

Wird beispielsweise eine Standortbestimmung vorgenommen, reicht es nicht aus, die Fähigkeiten der Person zu ermitteln. Man muss genauso berücksichtigen, woher (aus welchem Umfeld) diese Person kommt und wohin (Vision) sie mit welcher Absicht gehen möchte. Daraus resultiert beispielsweise in diesem Fall die Strategie des Coachings.

2.1   Umgebung

Lernen und Veränderung setzen **Wahrnehmung** voraus. Was nicht wahrgenommen wird, kann nicht gelernt werden. Wir nehmen wahr, indem wir Information aus unserer Umgebung bzw. unserem Umfeld bewusst oder unbewusst sortieren, bewerten, beurteilen. Wichtige Prägungen hierfür erhielten wir in unserer Kindheit, durch Erziehung, durch die Art und Weise, wie unser Gehirn arbeitet und durch weitere individuelle Bedingungen. Daraus resultiert ein ganz konkretes **Verhalten** im jeweiligen **Umfeld**. „Die Umgebung formt den Menschen", weiß der Volksmund oder das russische Sprichwort „Sage mir, wer dein Freund ist, und ich sage dir, wer du bist" („СКАЖИ МНЕ, КТО ТВОЙ ДРУГ, И Я СКАЖУ, КТО ТЫ").

Demzufolge ist es notwendig, das **Umfeld** genau zu analysieren, denn es bildet den **Rahmen** und den **Spiegel** für die jeweilige Person. Hier stellt sich also die Frage: Wo und wann findet etwas (angemessen im System) statt? Ein Bikini am Strand ist angemessen, am Büroarbeitsplatz ist schon das Spaghetti-Top fragwürdig.

2.2 Verhalten

Verhalten ist das konkrete Handeln einer Person, basierend auf Zielen, Werten, Einstellungen sowie Fähigkeiten und Fertigkeiten. Daraus ergibt sich die Rolle und Funktion jedes Einzelnen in der Gesellschaft. Im Allgemeinen wird ein sozial kompatibles Verhalten erwartet. Das heißt, jeder Einzelne muss sich an die Kultur, in der er sich bewegt, anpassen.

Das soziale Verhalten wird allgemein automatisch in der Kindheit meist in der Familie erworben. Da es in einer bestimmten Kultur verankert wird, werden andere Kulturen von diesem Standpunkt und den damit verbundenen Wertmaßstäben aus verglichen; das nennt man Ethnozentrismus. Ethnozentrisch ist der „normale" Standpunkt oder die Sichtweise des Alltagsmenschen. Andere Kulturen werden zunächst als Abweichungen klassifiziert.

Die Globalisierung und die damit verbundene zunehmende internationale Verflechtung in allen Bereichen des Lebens führen immer mehr Menschen in eine bewusste Auseinandersetzung des eigenen Verhaltens im Kontext einer fremden Kultur.

2.3 Fähigkeiten, Fertigkeiten, Strategien

Jeder Mensch ist grundsätzlich mit einer ganzen Reihe von Fähigkeiten und Fertigkeiten ausgestattet. Es gilt, sie in erster Linie als **wertvolle Ressourcen** zu erkennen, zu schätzen und weiterzuentwickeln.

Einer Theorie zufolge ist **Intelligenz** (lat. *intelligentia*, Einsicht, Erkenntnisvermögen) die Fähigkeit eines Menschen, sich in angemessener Geschwindigkeit an neue Situationen anzupassen bzw. Aufgaben mithilfe von Denkvorgängen zu lösen. Howard Gardner formulierte 1991 die Rahmentheorie der vielfachen Intelligenzen. Seiner Ansicht nach beschränkt sich Intelligenz nicht auf sprachliche und analytische Fähigkeiten, die in der Schule gefördert und beurteilt werden, sondern umfasst auch andere Formen und Fähigkeiten wie (Gardner 1991)

▶ musikalische Intelligenz,
▶ räumliches Vorstellungsvermögen,
▶ körperlich-kinästhetische Intelligenz und
▶ personale (emotionale) Intelligenz.

Nach Daniel Goleman (1997) – **amerikanischer Psychologe und Neurologe** – ist die **emotionale Intelligenz** an folgenden fünf Parametern erkennbar:

▶ Selbstbewusstsein (eigene Stärken und Schwächen kennen und ausdrücken können),
▶ Selbstmotivation (die Fähigkeit, sich auch bei Unlust für eine Arbeit zu begeistern),
▶ Selbstmanagement (planvolles Handeln in Bezug auf Zeit und Ressourcen),
▶ Engagement in Gruppen (Teamfähigkeit, erweitert um Führungsqualitäten),
▶ Empathie (Einfühlungsvermögen in andere Personen).

Nicht das Vorhandensein von Gefühlen, sondern der bewusste Umgang mit Emotionen macht eine hohe emotionale Intelligenz aus. Die Gehirnforschung konnte in den 1990er-Jahren zeigen, dass bestimmte Informationsverarbeitungsprozesse dezentral organisiert zu sein scheinen. So zeigte sich, dass sich gefühlsmäßige Entscheidungen auf eine signifikante Informationsverarbeitung im Bereich des Solarplexus stützen. Die emotionale Intelligenz scheint demnach den Volksmund zu bestätigen, wo „aus dem Bauch heraus entschieden" wird. **Körper und Geist bilden eine Einheit**, die es beim Coaching zu berücksichtigen gilt, wenn mentalen Blockaden überwunden werden sollen.

2.4 Glaubenssätze und Werte

Glaubenssätze sind Leitprinzipien, individuelle innere Karten, die der Mensch benutzt, um der Welt einen Sinn und dem Leben eine Richtung zu geben. Sie **motivieren** oder **demotivieren** die Handlungen, die der Mensch tut oder tun will. Sie bestimmen, wie ein Mensch auf Ereignisse in seinem Leben reagiert, wie er sich in jedem Augenblick fühlt und was er denkt. Glaubenssätze sind wie starke Wahrnehmungsfilter. Sie entwickeln sich durch Erziehung, Vorbilder oder wiederholte Erfahrungen. Glaubenssätze entwickeln sich, indem Erfahrungen mit der Welt und den Mitmenschen generalisiert werden (Robbins 2003).

 Wenn wir etwas glauben, verhalten wir uns so, als sei es wahr. Dies macht es schwer, Glaubenssätze zu hinterfragen und zu widerlegen. Wir haben jedoch jederzeit die Möglichkeit, unsere Glaubenssätze infrage zu stellen und neu zu definieren.

Unsere **Werte** verkörpern das, was uns wirklich wichtig ist. Sie bestimmen maßgeblich, was wir für eine Ausbildung machen, warum und für wen wir arbeiten, wie und mit wem wir unsere Beziehungen gestalten und wo wir leben. Sie bestimmen, welches Auto wir fahren, welche Kleidung wir tragen und wohin wir zum Essen gehen.

Werte werden von Glaubenssätzen gestützt. Wie die Glaubenssätze erwerben wir Werte durch Erziehung, Erfahrungen und Nachahmen von Eltern, Vorbildern und der Gemeinschaft, der wir uns zugehörig fühlen. Werte sind die fundamentalen Prinzipien, nach denen wir leben.

Innerlich sind Werte durch Bilder, Erinnerungen und Vorstellungen, sprachlich werden sie durch Nominalisierungen repräsentiert: „Freiheit, Recht, Liebe, Begeisterung, Hilfsbereitschaft, Vaterlandstreue, Sparsamkeit …" Durch sie entscheiden wir, ob unsere Handlungen gut oder schlecht, richtig oder falsch sind. Die Werte, die am längsten überdauern und uns am meisten beeinflussen, sind frei und im Bewusstsein der Konsequenzen gewählt. Dennoch steuern Werte weitgehend unbewusst unser Handeln.

2.5   Identität und Rollen

Persönliche Identität bezieht sich auf die Einzigartigkeit jeder Einzelperson, die besondere Kennzeichen und eine unverwechselbare Biografie hat, sodass sie sich von anderen unterscheidet. Unter **sozialer Identität** ist die Zuschreibung vorgegebener Verhaltensweisen zu verstehen, die den Charakter normativer Erwartungen (z.B. Verhaltensregeln) haben. Vom Einzelnen wird verlangt, sich so zu verhalten wie jeder andere auch. Dies erfordert von ihm, ein Stück Einzigartigkeit aufzugeben. Die soziale Identität bietet dafür die

Zugehörigkeit zu einer Gruppe. Unser **Bewusstsein** klärt hierfür die elementare Daseinsgewissheit: „Ich weiß, dass ich da bin." Ich nehme mich gemeinsam mit anderen hier in dieser Welt wahr. Die persönliche Identität klärt die Existenzberechtigung und die Rolle in der Gemeinschaft.

In unserem Leben nehmen wir verschiedene **Rollen** ein z.B. Vater, Abteilungsleiter, Partner, Vereinsvorstand. Diese Rollen liefern einen natürlichen Rahmen, der uns hilft, das zu definieren, was und wie wir sein wollen.

Übung: Rollen und Ziele (nach Covey 1997)

• Definieren Sie bis zu sieben Schlüsselrollen (z.B. Mutter, Führungskraft, Partnerin etc.) in Ihrem Leben.
• Identifizieren Sie für jede Rolle eine Schlüsselperson (z.B. Tochter, Mitarbeiter, Partner etc.).
• Stellen Sie sich als Nächstes Ihren 80. Geburtstag vor. Zur Feier kommen die Schlüsselpersonen von jeder Ihrer Rollen. Welche Kernaussage würden Sie sich in der Laudatio von jeder einzelnen Schlüsselperson wünschen? Was soll er oder sie für Sie empfinden und welche Anerkennung würden Sie sich wünschen?

Was in der Laudatio steht, sind Ihre langfristigen Ziele.

Durch klar formulierte Fähigkeiten, Glaubenssätze, Werte, Rollen und Ziele können Sie nach und nach Ihr **Lebenskonzept** entwerfen. Klarheit verleiht Ihrem Leben mehr Qualität.

2.6   Vision und Sinn

Alles und jedes Tun des Menschen verfolgt einen bestimmten Sinn oder Zweck; jede Handlung hat eine bewusste oder unbewusste Absicht. Einzig der Mensch ist in der Lage, sich ein Bild davon zu machen, was sein soll oder kann. Da wir uns anders als das Tier selten in unserem Geist in der Gegenwart bewegen, sondern entweder in der Vergangenheit oder in der Zukunft sind, spielt sich unser Erleben maßgeblich in inneren Bildern ab. Wir können uns an dieser Stelle entscheiden, ob wir uns über Vergangenes freuen oder ärgern wol-len und ob wir uns unsere Zukunft in schönen, klaren und erfreulichen Bildern ausmalen oder uns von düsteren, undurchsichtigen und bedrückenden Vorahnungen leiten lassen.

Der Mensch hat die Fähigkeit, sich ein Bild von der Zukunft zu erschaffen; eine **Vision** zu formulieren. Eine Vision ist ein in unbestimmter Zukunft vorstellbarer oder wünschenswerter Zustand oder ein entsprechendes Idealbild, Traumbild oder Fantasiebild. Sie zeigt die Richtung auf, wohin sich eine Person oder ein ganzes Unternehmen entwickeln und was sie zukünftig erreichen möchte. Eine überzeugende Vision, die das beinhaltet, was einem wirklich am Herzen liegt, ist wesentlicher Bestandteil von zielgerichteten individuellen Veränderungsprozessen.

Visionen besitzen die Kraft, Zukunftsbilder mit deutlichen und subtilen Botschaften zu verbinden, und machen damit den Sinn für die Veränderung auch in schwierigen Phasen immer wieder deutlich.

Wohin soll die Reise gehen?

Übung: Formulieren einer Vision

1. Schritt: Machen Sie sich ein Bild von sich selbst in fünf bis zehn Jahren. Was sehen, hören, fühlen Sie? Machen Sie sich das Bild immer klarer, malen sich Umfeld (Mit wem, wann, wo?), Verhalten (Was tun Sie?), Fähigkeiten (Wie genau tun Sie, was Sie tun?), Werte (Was motiviert Sie dabei?), Rolle (Wer sind Sie? Wie werden Sie wahrgenommen?), Sinn (Wozu tun Sie das?) ...

2. Schritt: Präzisieren Sie dieses Bild: Stellen Sie sich vor, was über Sie in zehn Jahren im „Who's who" steht? Denken Sie dabei an die kurze, konkrete, prägnante Formulierung in einschlägigen Lexika. Berücksichtigen Sie Umfeld, Verhalten, Fähigkeiten, Werte, Rolle ... Sie legen die Qualitätskriterien fest und klären die Frage: Woran erkenne ich, dass ich das Ziel erreicht habe?

3. Schritt: Überprüfen Sie nun, ob Ihre Vision zu Ihren Werten und Ihrem Umfeld passt. Stellen Sie sich vor, dass Sie bei Ihrer Vision angekommen sind. Blicken Sie zurück: Wie sind Sie dahin gekommen? Beschreiben Sie genau, was Sie sehen, hören, fühlen, schmecken und riechen? Kann ich angenehm mit den Konsequenzen leben? Fühlen Sie sich wohl, wie geht es den anderen Menschen in Ihrer Umgebung damit?

4. Schritt: Beschreiben Sie ganz genau die Schritte, die Sie an Ihr Ziel gebracht haben. Entwickeln Sie aus Ihren Stärken Ihre Legende, Ihr Lebensmotto. Lassen Sie sich inspirieren, was das Realisieren Ihrer Vision bedeutet hat für die Gesellschaft, für die Zeit, für die Welt, in der Sie jetzt leben. Beschreiben Sie anhand der logischen Ebenen.

Diese Übung, aber auch die im Folgenden kurz beschriebenen Coaching-Techniken verdeutlichen das Zusammenspiel der logischen Ebenen und deren zentrale Bedeutung für das Coaching.

3 Coaching-Techniken

Coaching hat das Ziel, seine Klienten bei der Entfaltung ihres individuellen Leistungspotenzials zu unterstützen. Da der Einsatzbereich von Coaching ausgesprochen vielfältig ist, gibt es eine Fülle von Techniken, die hier genutzt werden können. Darüber hinaus hat jeder Coach eine ganz individuelle Herangehensweise, sodass auch hier noch eine unglaubliche Vielzahl von Nuancen entwickelt wurde. Es werden im Folgenden daher lediglich häufig eingesetzte Coaching-Techniken vorgestellt.

Anfang der 1970er-Jahre entwickelten die beiden Amerikaner JOHN GRINDER und RICHARD BANDLER eine neue psychologische Richtung, die das Ziel verfolgt, dass jeder Mensch sein individuelles Potenzial entfalten und sein Leben eigenständig schöpferisch gestalten kann.

Sie untersuchten unter anderem die erfolgreiche und lösungsorientierte Arbeit des Hypnosetherapeuten MILTON ERIKSON, des Gestalttherapeuten FRITZ PERLS und der Familientherapeutin VIRGINIA SATIR. Aus diesen Untersuchungsergebnissen entwickelten sie eine offene Methodensammlung (sogenannte Formate), mit deren Hilfe der Coach den Klienten zu **neuen Strukturen des subjektiven inneren Erlebens** führt. Sie bezeichneten diese lösungszentrierte Methodik als Neurolinguistisches Programmieren (NLP).

Folgende **Grundannahmen** liegen dem NLP zugrunde.

▶ **Die Landkarte ist nicht das Gebiet.** Damit ist gemeint, dass alles, was wir erleben, anhand unserer Erfahrungen in unserem Kopf entsteht. Die Welt, die wir erleben, ist ein Abbild unserer Vorstellung über die Realität. Es existiert daher keine objektive, sondern nur eine subjektive Welt. Verschiedene Menschen beurteilen die Welt aufgrund von

Werten, Einstellungen und Glaubenssätzen unterschiedlich, immer aus ihrer persönlichen Wahrnehmung heraus. Daher ist die Arbeit sowohl mit Glaubenssätzen als auch mit den fünf Wahrnehmungssystemen als Filterfunktion, die über eine differenzierte Fragetechnik ergründet wird, zentral.

▶ **Menschen haben alle Ressourcen in sich, um jede gewünschte Veränderung an sich vorzunehmen.** Hier ist gemeint, dass prinzipiell jeder Mensch die Lösung für seine Themen selber am besten kennt. Alles, was wir brauchen, steht uns zwar zur Verfügung, aber oft ist der Zugang zu unseren Leistungspotenzialen unbewusst versperrt. Durch die *Arbeit mit inneren Bildern* können innere Blockaden überwunden werden.

▶ **Körper, Geist und Seele sind eine Einheit und beeinflussen sich gegenseitig.** Unsere Körperhaltung drückt unser Gefühlsleben und manchmal auch unsere Gedanken aus. Ändert man die Körperhaltung, richtet man sich z. B. auf, ändern sich auch die Gefühlszustände, man wird entschlossener und die Gedanken richten sich auf ein Ziel. Veränderungsarbeit vollzieht sich am ganzen Menschen und daher ist auch *Körperarbeit* sehr wichtig und kann erhebliche Veränderungen herbeiführen.

▶ **Jedes Verhalten hat eine positive Absicht.** Nicht immer ist diese positive Absicht auch positiv für die Umwelt und die Mitmenschen, sondern für denjenigen, der dieses Verhalten hervorbringt. Dieser denkt, dass das, was er tut, gut und richtig ist. Sein Verhalten zielt auf die Vermeidung von Unangenehmem oder das Erreichen von etwas Angenehmem. Damit diejenige Person ihre Missverständnisse erkennen kann, ist hier geistige Reinigung bzw. Klärung (Vergeben) notwendig.

▶ **Jeder Mensch macht in jeder Situation das, was er am besten kann.** Jeder von uns hat seine eigene Geschichte mit seinen ganz persönlichen Erfahrungen (aufgrund von Werten und Glaubenssätzen). Aus der heraus versucht jeder Mensch, in jeder Situation sein bestmögliches Verhalten zu zeigen. Er handelt entsprechend seinen persönlichen Möglichkeiten, die in der Regel begrenzt sind, d. h., der Zugriff auf ein erweitertes Verhaltenrepertoire wird durch innere Blockaden versperrt.

▶ **Wenn etwas nicht funktioniert, muss man etwas anderes ausprobieren.** Methoden und Prozesse können für verschiedene Menschen ganz unterschiedlich wirken. Keine Methode wird deshalb um ihrer selbst willen angewandt, sondern nur dann, wenn wirklich ein Effekt erzielt wird. Daher ist es wichtig, das *Ziel klar vor Augen* zu haben und sich diesem Stück für Stück anzunähern.

Folgende Techniken werden kurz vorgestellt:
- ▶ Ziele formulieren
- ▶ Wahrnehmung über die fünf Sinne
- ▶ Arbeit mit inneren Bildern
- ▶ Körperarbeit und Entspannung

Ziele formulieren

1953 fragte ein Forschungsteam Absolventen der Yale University nach ihren persönlichen Zielen. Nur drei Prozent hatten ein Ziel, einen konkreten Plan zur Umsetzung – und sie hatten ihn aufgeschrieben. 20 Jahre später interviewten die Wissenschaftler dieselbe Gruppe noch einmal mit folgendem Ergebnis: Die drei Prozent, die ein klares, schriftliches Ziel vor Augen hatten, verdienten inzwischen nicht nur mehr

Geld als die restlichen 97 Prozent zusammen, sie schienen auch glücklicher und zufriedener zu sein mit sich und ihrem Leben (ROBBINS 2003).

Ziele sind Voraussetzung für Erfolg, die treibende Kraft allen Handelns. Sie geben Energie und Richtung, denn wo die Aufmerksamkeit hingeht, dorthin geht auch die Energie. Die einen setzen sich **keine Ziele**, weil sie Angst vor Misserfolgen haben. Andere scheuen sich, ihre Komfortzone zu verlassen. Das ist zwar bequem, aber nicht befriedigend. Wer sich keine Ziele setzt, der kennt auch keine Erfolgserlebnisse.

 Was passiert, wenn wir **keine eigenen Ziele** haben? Wir arbeiten automatisch für die Ziele anderer. Wir sind nicht pro- sondern reaktiv. Wir sind der Spielball der anderen.

 Konzentrieren Sie sich auf Ihre Stärken. Was sind Ihre Talente? Worin liegt Ihre Einzigartigkeit? Was können Sie wirklich gut? Was macht Ihnen wirklich Spaß?

Bei der prägnanten Formulierung Ihrer Ziele helfen die SMART-Kriterien.

Übung: SMART-Ziele entwickeln

S	**Sinnes-spezifisch**	▶ Was genau wollen Sie erreichen? ▶ Wann, wo und mit wem wollen Sie es erreichen? ▶ Woran werden Sie erkennen, dass Sie das Ziel erreicht haben? ▶ Was sehen, hören, fühlen Sie, wenn Sie Ihr Ziel erreicht haben? ▶ Was genau wollen Sie tun? ▶ Nicht: Was wollen Sie lassen, vermeiden, beenden?
M	**Machbar** Ressourcen zur Umsetzung	▶ Welche Ressourcen (Fähigkeiten, Eigenschaften, Referenzerfahrungen) stehen Ihnen zur Verfügung, um Ihr Ziel zu erreichen? ▶ Wie können Sie diese Ressourcen einsetzen?
A	**Attraktiv** Mit positiven Auswirkungen	▶ Was ist Ihnen wichtig daran, dieses Ziel zu erreichen? ▶ Was wird sich für Sie und Ihre Umgebung verändern? ▶ Welche positiven Auswirkungen hat dies für Ihre Umgebung? ▶ Welchen Nutzen und Gewinn erhoffen Sie sich dadurch?
R	**Realistisch** Mit eigenen Prüfkriterien	▶ Wie können Sie aktiv Einfluss darauf nehmen, dass Sie Ihr Ziel erreichen? ▶ Was genau können Sie tun? ▶ Nicht: Was sollen andere für Sie tun?
T	**Terminiert** Terminplanung	▶ Bis wann wollen Sie Ihr Ziel erreichen (Datum)? ▶ Was genau ist Ihr erster Schritt auf das Ziel zu? ▶ Was genau müsste der erste Schritt beinhalten?

Wahrnehmung über die fünf Sinne

Wahrnehmung bezeichnet die Funktion des Organismus, die es den Sinnesorganen ermöglicht, Informationen aus der Innen- und Außenwelt aufzunehmen und zu verarbeiten. Beeinflusst wird die Wahrnehmung durch Gefühle, Erfahrungen und Erwartungen. Wir erleben unsere Umgebung durch unsere fünf Sinne: Wir sehen (visuell), hören (auditiv), fühlen (kinästhetisch), schmecken (gustatorisch) und riechen (olfaktorisch). Alle Informationen von außen erreichen uns über diese Wahrnehmungskanäle, die bei Menschen unterschiedlich ausgeprägt sind, sodass je nach Bedeutung unterschiedliche Dinge verschieden bewertet und dann auch verschieden nachhaltig im Gedächtnis gespeichert werden.

Das bedeutet, dass zwei Personen eine Situation gänzlich unterschiedlich interpretieren und bewerten können. Je nachdem, wie diese Informationen gespeichert sind, sehen wir innere Bilder, hören innere Töne, erinnern uns an Gerüche oder an einen Geschmack. Wir können im Geist auch Berührungen und Gefühle wieder erleben.

Der bewusste Umgang mit den fünf Sinnen ist für die Arbeit mit den Coaching-Ebenen unverzichtbar.

Übung: Leistungspotenziale entfalten

Diese Übung wird „Circle of Excellence" genannt. Ziel ist es, die im Inneren vorhandenen kraftvollen Potenziale (Selbstbewusstsein und Leistungsfähigkeit) in schwierigen Situationen verfügbar zu machen.

1. Schritt: Stellen Sie sich vor Ihnen auf dem Boden einen imaginären Kreis vor, in dem sich Ihre innere unbändige Kraft und überströmende Freude voll entfalten können. Wie genau sieht dieser Kreis vor Ihrem geistigen Auge aus? (Manche Klienten sehen hier einen kleinen von Steinen umrandeten Kreis, andere wiederum befinden sich in einem riesigen Stadion.) Malen Sie sich diesen Kreis vor Ihrem inneren Auge so schön und prachtvoll aus, wie es Ihre Fantasie erlaubt: Was genau **sehen**, **hören**, **fühlen**, **schmecken** und **riechen** Sie?

2. Schritt: Stellen Sie sich nun eine Situation vor, die für Sie das höchste Maß an Leistungsfähigkeit und Wohlbefinden symbolisiert. Das kann ein persönliches Erlebnis oder eine konstruierte Situation sein, in der Sie sich so fühlen könnten. Erzeugen Sie in sich eine tiefe Gewissheit, dass Sie jedes Problem lösen und jede Situation meistern können. Spüren Sie eine begeisternde Kraft in sich, die Ihnen eine tiefe Zuversicht, Gelassenheit und Ruhe verleiht.

3. Schritt: Verstärken Sie das Gefühl, indem Sie sich fragen: **Wo**, **wann** und **mit wem** findet das statt? Was genau tue, sehe, höre, schmecke und rieche ich in dieser unbändigen Kraft und Leistungsfähigkeit? Wie fühle ich mich? Wo in meinem Körper spüre ich diese Kraft? Wie manifestiert sich dieses Gefühl? Wer sind Sie mit diesem Gefühl? Was denken andere über Sie mit dieser Ausstrahlung? Bleiben Sie bei diesem wunderbaren Gefühl und genießen Sie es. Vertiefen Sie sich in diesem Gefühl.

4. Schritt: Wenn das Gefühl am intensivsten ist, treten Sie in Ihren wundervoll ausgestalteten imaginären Kreis und genießen Sie dort das wunderbare Gefühl der Leistungsstärke. So verbindet sich dieses Gefühl mit Ihrem imaginären Kreis und wann immer Sie dieses Gefühl wieder hervorrufen wollen, denken Sie an Ihren imaginären Kreis; er wird dieses Gefühl reaktivieren.

Arbeit mit inneren Bildern

ALBERT EINSTEIN hat einmal gesagt, seine Ideen kämen ihm zuerst als intuitive Eingebung, die er dann aber durch analytisches Denken verifizieren müsse. Intuition als unser sechster Sinn und Imagination sind letztlich der Zugang zu unserer inneren Bilder-, Stimmen- und Gefühlswelt, die man ganz bewusst und strukturiert nutzen kann.

Es gibt drei grundsätzliche Möglichkeiten, mit inneren Bildern zu arbeiten:

▶ Unangenehme Erinnerungen und Gefühle loslassen,
▶ Wünsche oder Ziele visualisieren und
▶ richtige Entscheidungen treffen.

Bei allen drei Varianten werden die inneren Bilder bewusst wahrgenommen (Ort, Größe, Einzelheiten, Gefühlszustände). Je nach Gefühlslage und Ziel des kreativen Visualisierens können folgende Modalitäten verändert werden:

▶ Farbintensität (Farben hellen sich auf oder verblassen),
▶ Entfernung und Bildgröße (Bilder werden herangezoomt oder entfernen sich),
▶ Bilder sind schwarz-weiß oder können sogar zerstört werden,
▶ Bewegung (Standbild oder Film).

Mit der Klarheit der inneren Bilder werden auch die damit verbundenen Gefühle klarer. Entfernen sich Bilder, verlassen Sie auch die damit verbundenen Gefühle.

Beobachten Sie auch, wie Sie mit sich sprechen und was Sie sagen:

▶ Wie sprechen Sie mit sich selbst?
▶ Was genau sagen Sie?
▶ Was wollen Sie hören? Was wünschen Sie sich?

Übung: Innere Bilder verändern

Unangenehme Erfahrungen setzen sich als Bilder im Kopf fest und man erlebt das Geschehen und die damit verbundenen Gefühle so immer wieder. Diesen

Vorstellungen kann man die negative Kraft nehmen, indem man die inneren Bilder verändert.

1. Schritt: Erinnern Sie sich an ein negatives Erlebnis. Lassen Sie vor den geschlossenen Augen das unangenehme Bild bewusst erscheinen. Gleichzeitig steigen die negativen Gefühle in Ihnen auf. Nehmen Sie diese, auch wenn sie unangenehm sind, bewusst wahr. Mit wem sind Sie wo und wann genau? Was genau sehen, hören, fühlen ... Sie? Welche Rolle spielen Sie? Was denken Sie über sich? Was glauben Sie über sich?

2. Schritt: Stellen Sie sich dann einen kleinen Schwarz-Weiß-Fernseher vor, der links unten zu Ihren Füßen steht, und nehmen Sie sich als Fernsehzuschauer wahr. Wie fühlen Sie sich jetzt? Was genau brauchen Sie, um sich stabil und selbstbewusst zu fühlen?

3. Schritt: Lassen Sie nun die unangenehmen Bilder im Fernseher erscheinen. Schauen Sie sich diese klein und in Schwarz-Weiß an. Sie können die Bilder auch immer unschärfer werden lassen und/oder den Ton abdrehen. Wie fühlen Sie sich jetzt? Sie sollten nun Abstand gewinnen. Wenn Ihnen diese Bilder noch immer *zu nahe gehen*, dann schieben Sie den Fernseher noch weiter weg, sodass Sie die Bilder kaum noch erkennen können. Wie ändert sich jetzt das Gefühl, das Sie mit diesem Erlebnis verbinden? Normalerweise verblassen die unangenehmen Gefühle.

4. Schritt: Vergrößern Sie nun das Bild in dem Fernseher, bis die negativen Gefühle wieder auftreten. Werden Sie sich dessen bewusst und machen Sie eine kurze Pause.

5. Schritt: Wiederholen Sie nun den 4. Schritt, bis Sie merken, dass Sie das Bild in voller Größe und in Farbe vor Ihrem inneren Auge ohne negative Gefühle erscheinen lassen können. Damit haben Sie die negativen Gefühle, die an diese Erfahrung gebunden waren, aufgelöst und können die Situation jetzt erwachsen und mit dem richtigen Abstand beurteilen.

Körperarbeit und Entspannung

Es sind zwar die geistigen Blockaden, die uns hindern, unsere verborgenen Potenziale zu nutzen. Doch Körper und Geist lassen sich nicht trennen. Alles, was wir fühlen, denken und tun, manifestiert sich auf die eine oder andere Art in unserem Körper. Häufig sendet er uns entsprechende Signale und kann uns so Hilfestellungen zur Selbsterkenntnis geben.

Doch in der Hektik des Alltags schenken wir ihm selten Aufmerksamkeit oder haben oft auch den Kontakt verloren. Wissenschaftliche Erkenntnisse zeigen jedoch, dass z.B. das Immunsystem besser arbeitet, wenn der Mensch fröhlich ist. Beweglichkeit und Lockerheit der Gelenke wiederum machen auch den Geist beweglicher und offener für Veränderungen.

Dabei bringen langsame bewusste Bewegungen in Verbindung mit Atem- und Entspannungsübungen Körper und Geist wieder in Balance.

Das jahrtausendealte Konzept des **Yoga** (Sanskrit *yui*, verbinden, vereinigen) beispielsweise ist eine Methode, die mit ihren Körperübungen (Asanas) in Verbindung mit einer gezielten Atemtechnik (Pranayama) den Körper geschmeidig macht bzw. lockert und den Geist beruhigt. Beides bereitet auf die Meditation, in der der Geist zentriert wird, vor.

Auch **Tai-Chi** und **Qigong** zielen auf die Lenkung und Stärkung der Lebensenergie (Qi, Prana, Odem etc.). Mit einer wirkungsvollen Mischung aus Körperbeherrschung, Atemtechnik und Entspannung werden Koordination und Kondition verbessert. Durch beständiges Üben der Bewegungsabläufe und gezielte Atmung verbinden sich auf harmonische Weise Körper, Geist und Seele.

Verspannungen werden gelöst, die Atmung wird reguliert und Herz, Kreislauf und Nervensystem werden gestärkt. Es führt rasch zu einer heiter gelassenen Stimmung sowie Wohlbefinden, Entspannung und Konzentration.

Die asiatischen Entspannungsmethoden zielen zudem auf eine Verfeinerung der Energien des Körpers, um in höhere geistige Ebenen und zu einem transzendenten Wissen zu gelangen.

Der Einsatz von Techniken für das Coaching hängt vom Thema und der Situation, in der sich der Klient befindet, ab. Zu berücksichtigen ist dabei unbedingt, dass jeder Klient seinen eigenen Weg finden muss, um zu seinen Potenzialen zu gelangen. Vielfalt ist daher weiterhin wünschenswert.

Jeder Coach hat zwar bestimmte Präferenzen bei der Wahl seiner Techniken. Die Struktur des Coachings folgt aber ganz bestimmten Coaching-Phasen.

4   Phasen des Coaching-Prozesses

Egal ob Einzel- oder Gruppen-Coaching, jedem Coaching kann eine allgemeine Struktur zugrunde gelegt werden. Sowohl für Einzelpersonen, Partner als auch für Gruppen laufen Coachings in der Regel in typischen Phasen ab (Bild 2). Die Gestaltung jeder einzelnen Phase variiert entsprechend der Zielsetzung.

Dafür muss der Coach einerseits die inhaltliche Arbeit methodisch unterstützen und andererseits den emotionalen Prozess steuern. Zu seinen Aufgaben gehört der gezielte Einsatz von Techniken, um seine Klienten dazu zu bewegen,

▶ das Problem so präzise wie möglich zu formulieren,

▶ das Ziel sowie das Ergebnis des Coachings klar abzugrenzen und zu definieren,

▶ den Prozess, durch den das Ergebnis herbeigeführt wird, sauber und nachvollziehbar zu strukturieren,

▶ eine kommunikationsförderliche Atmosphäre zu schaffen und aufrechtzuerhalten,

▶ Konflikte aufdecken zu helfen bzw. für die Problemlösung zu nutzen sowie

▶ die Kreativität zu mobilisieren und

▶ gegebenenfalls Konsens zwischen allen Gruppenmitgliedern über die Teil- und Endergebnisse herzustellen.

Im Folgenden werden die einzelnen Coaching-Phasen detailliert beschrieben.

Phase	Inhalte
Vorbereitung	Organisatorischen Rahmen klären, mentale Vorbereitung des Coachs, Konzept und Struktur des Coachings.
Come together	Kontaktaufnahme, Aufbau von Vertrauen und organisatorische Ziel- und Auftragsklärung für die Zusammenarbeit.
Orientation	Tatsächliches Anliegen (Thema, Problem, Ziel) des Klienten wird durch die möglichst präzise Beschreibung der Istsituation genau herausgearbeitet und präzise formuliert.
Analysis	Das gerade aktuelle Problem wird analysiert, sodass dem Klienten seine Denk- und Verhaltensmuster klar werden.
Change	Neue Denk- und Verhaltensmöglichkeiten werden entwickelt und Schritt für Schritt die alten Muster überwunden.
Harbour	Er wird überprüft, ob und auf welche Weise das Ziel erreicht wurde und ob alle Erwartungen an das Coaching erfüllt wurden. Der Lernprozess wird reflektiert, damit der Klient künftig eigenständig Veränderungsprozesse gestalten kann.

Bild 2: *Coaching-Phasen*

4.1 Vorbereitungsphase

Diese Phase scheint selbstverständlich und wird dennoch häufig vernachlässigt. Hierfür sollte der Coach folgende Themenfelder berücksichtigen:

▶ organisatorischen Rahmen klären,
▶ mentale Vorbereitung des Coachs,
▶ Konzept und Struktur des Coachings.

Organisatorischer Rahmen

Vor Beginn des ersten Coachings sind mit dem Klienten folgende Rahmenbedingungen zu klären:

▶ organisatorische Aspekte wie Ort, Zeit und Geld,
▶ Umgang mit Vereinbarungen (z. B. Pünktlichkeit, Verlässlichkeit),
▶ Rahmen der inhaltlichen Zusammenarbeit,
▶ Erwartungen des Klienten (Ergebnis des Coachings),
▶ grundsätzliche Vorgehensweise beim Coaching (Coaching-Konzept),
▶ Grenzen des Coachings.

> Fragen des Coachs an den Klienten:
> Was bewegt Sie? Was wünschen Sie sich?
> Welches Thema, Problem oder Ziel möchten Sie im Rahmen des Coachings bearbeiten?
> Was genau erwarten Sie vom Coaching?
> Welcher Zeitrahmen steht zur Verfügung?

Um den reibungslosen Ablauf des Coachings zu gewährleisten, sind zu den oben genannten Rahmenbedingungen **eindeutige** Vereinbarungen zu treffen.

Mentale Vorbereitung

Zur Vorbereitung des Coachs gehört eine gute inhaltliche Gestaltung, aber auch die emotional-mentale Einstellung auf das Coaching. Dafür ist es notwendig, sich von anderen inhaltlichen oder privaten Themen zu lösen und den Fokus ausschließlich auf den Klienten und dessen Thema zu lenken. Es muss ein innerer Zustand der Ruhe, Wachsamkeit und Wertschätzung hergestellt sein.

Fragen, die sich der Coach zur Vorbereitung stellen kann:

Was beschäftigt mich zurzeit?
Wen erwarte ich?
Was ist das für eine Person?
An wen erinnert mich diese Person?
Welche Vorurteile habe ich?

Anleitung zur mentalen Vorbereitung:
- Lenken Sie Ihre Aufmerksamkeit auf Ihren Atem: Wo können Sie ihn spüren?
- Lenken Sie Ihren Atem dann in Richtung Bauch: Mit der Einatmung hebt sich die Bauchdecke und mit der Ausatmung ziehen Sie die Bauchdecke ein wenig ein, sodass der ganze Atem aus der Lunge langsam ausfließen kann.
- Beobachten Sie nun Ihre Gedanken: Bleiben Sie stiller Beobachter und lassen Sie die Gedanken vorbeiziehen, bis der Geist zur Ruhe kommt.
- Visualisieren Sie sich nun Ihren Klienten: Nehmen Sie ganz mit dem Herzen wahr und lassen Sie alle Vorurteile los.

Konzept und Struktur des Coachings

Jeder Coach verfolgt ein ganz eigenes, seiner Persönlichkeit entsprechendes Coaching-Konzept. Das ist auch gut so, denn Menschen sind verschieden und nicht jeder Coach passt zu jedem Klienten.

Bei allen Versuchen der Standardisierung im Bereich des professionellen Business-Coachings sollt immer berücksichtigt werden, dass die sehr persönliche Arbeit gerade das Ziel verfolgt, die individuellen Potenziale zu erschließen. Und genau dafür braucht es in diesem Berufsstand Vielfalt, Individualität und vor allem Persönlichkeit.

Siehe dazu Eigenschaften des Coachs S. 32.

Grundsätzlich orientiert sich jedes Coaching an typischen Phasen. RAUEN und STEINHÜBEL (www.coaching-report.de) fassten sie im **C.O.A.C.H.-Modell** zusammen. Es dient als Strukturierungshilfe für den grundsätzlichen Aufbau von Coachings. Weiterhin liefert es Orientierung für die Gestaltung der einzelnen Sitzung wie des gesamten Coaching-Prozesses. Es besteht aus folgenden Phasen:

▶ **Come together – Einstiegsphase**: In dieser Phase kommen Coach und Klient zusammen und klären Ziel sowie Rahmen der Sitzung oder eines gesamten Coaching-Prozesses. Es findet eine Beziehungs- oder Rollenklärung statt, beide Parteien stellen sich aufeinander ein und klären Erwartungen, Vorgehensweise und Rahmenbedingungen ab.

▶ **Orientation – Themenorientierungsphase**: In dieser Phase wird das Anliegen des Klienten durch die möglichst präzise Beschreibung der Istsituation genau betrachtet und formuliert. Dabei werden offene und verdeckte Anliegen des Klienten deutlich. Thema, Problem oder Ziel des Coachings wird an dieser Stelle präzise herausgearbeitet und konkret formuliert.

▶ **Analysis – Selbstbeobachtungsphase**: In dieser Phase werden Denk- und Verhaltensmuster genau analysiert. Jedes Problem, das uns begleitet, ist ein wichtiger Bestandteil für unsere Entwicklungsprozesse. Das muss der Klient in dieser Phase erkennen. Dafür ist es wichtig, das gerade aktuelle Problem als das zu sehen, was es ist. Es muss genau wahrgenommen werden können. Das kann der Klient dann am besten, wenn er die negativen Gedanken über das aktuelle Problem vergisst. Sobald das aktuelle Thema klar gesehen und so akzeptiert wird, wie es ist, setzt ein natürlicher und beschleunigter Veränderungsprozess ein.

▶ **Change – Veränderungsphase**: In der Veränderungsphase wird die in der Analysephase erzeugte Ruhe des Verstandes (die Pause des Gedankenkarussells) genutzt, um die Blockaden loszulassen. Es können nun neue Denk- und Verhaltensmöglichkeiten entdeckt werden, die darauf gewartet haben, freigelassen zu werden. Es geht hier darum, den Geist von negativen Gedanken zu befreien, dann kommen die gewünschten Verhaltensweisen fast von selbst. Die negativen Gedanken bauen die Blockaden und verhindern das, was wir eigentlich wollen. Das klingt zwar sehr einfach, es ist aber häufig schwierig, die alten Muster zu akzeptieren und dann loszulassen.

Da besonders das Loslassen der alten Muster schwierig ist, müssen hier häufig Schleifen eingebaut werden, indem die Umsetzung definiert und dann Schritt für Schritt begleitet wird.

▶ **Harbour – Zielerreichung und Abschlussphase**: Hier wird überprüft, ob und auf welche Weise das Ziel erreicht wurde. Der Lernprozess wird reflektiert, damit der Klient künftig eigenständig Veränderungsprozesse gestalten kann. Es wird überprüft, ob alle Erwartungen an das Coaching erfüllt wurden, und besprochen, in welchen Rahmen Coach und Klient weiter verfahren.

Die detaillierte Gestaltung der einzelnen Phasen hängt vom Ziel des Coachings, vom Klienten, aber auch von den Vorlieben des jeweiligen Coachs ab. Im Folgenden stelle ich Ihnen meine bevorzugte Vorgehensweise – ohne Anspruch auf Vollständigkeit – vor.

4.2 Come together – Einstiegsphase

Die wichtigsten Punkte der Einstiegsphase sind:
- ▸ Kontaktaufnahme,
- ▸ Aufbau von Vertrauen und
- ▸ organisatorische Ziel- und Auftragsklärung für die Zusammenarbeit.

Diese Themen müssen für jede Form des Coachings am Anfang jeder Sitzung immer wieder berücksichtigt werden.

Kontaktaufnahme

Der erste Kontakt bzw. die Begrüßung hat einen entscheidenden Einfluss auf die Stimmung der gesamten Veranstaltung bzw. des gesamten Prozesses.

Der Mensch trifft in der Regel innerhalb weniger Sekunden eine Einschätzung über Sympathie oder Antipathie seines Gegenübers. Dieser Eindruck wirkt sich sofort auf die entstehende Beziehung aus. Personen, die uns sympathisch sind, treten wir freundlicher entgegen, wobei in der Regel diese Freundlichkeit dann auch erwidert wird. Zu Personen, die innere Stärke ausstrahlen, entwickeln wir leichter Vertrauen.

Damit sich der Klient sicher und geborgen fühlt, muss der Coach von Anfang an eine Umgebung zur Verfügung stellen oder einen Raum schaffen, der die für die Veränderungsarbeit notwendige Atmosphäre bietet.

Egal, **wo** das Coaching stattfindet, der Coach markiert deutlich, dass er ab **diesem** Zeitpunkt die **Verantwortung** für den Ablauf der Veranstaltung übernimmt. („… bitte lassen Sie uns hier Platz nehmen!")

Aufbau von Vertrauen

Coaching hängt maßgeblich davon ab, dass Klient und Coach einen „guten Draht zueinander haben". Ein guter Kontakt und eine vertrauensvolle Beziehung sind die Grundlage für jegliche Veränderungsarbeit. Erst in einer tragfähigen Beziehung, in der sich der Klient wohl und sicher fühlt, kann er sich dem Coach anvertrauen. Erst dann wird der Klient offen über seine Themen, Probleme und Ziele sprechen. Dafür muss der Coach voll und ganz präsent sein und eine wertschätzende, aufmerksame und empathische (mitfühlende) Atmosphäre aufbauen.

Zuhören können wie Momo (Michael Ende 2005):

„… sie saß nur da und hörte zu mit aller Anteilnahme und Aufmerksamkeit. … der Betreffende fühlte, wie in ihm auf einmal Gedanken auftauchten, von denen er nie geahnt hätte, dass sie in ihm steckten. Sie konnte so zuhören, dass ratlose und unentschlossene Leute auf einmal ganz genau wussten, was sie wollten, oder dass Schüchterne sich plötzlich frei und mutig fühlten oder dass Unglückliche und Bedrückte plötzlich zuversichtlich und froh wurden. Wenn jemand meinte, sein Leben sei ganz verfehlt und bedeutungslos und er selbst nur einer unter Millionen, einer, auf den es überhaupt nicht ankommt oder der ebenso schnell ersetzt werden kann wie ein kaputter Topf, und er ging hin und erzählte das alles der kleinen Momo, dann wurde ihm, noch während er redete, auf geheimnisvolle Weise klar, dass er sich gründlich irrte, dass es ihn genau so, wie er war, unter allen Menschen nur ein einziges Mal gab und dass er deshalb auf seine Weise für die Welt wichtig war."

Auftragsklärung

Insbesondere für den Erstkontakt mit dem Coach findet hier die Entscheidung statt, ob der Klient sich in diesem Rahmen von dieser Person coachen lässt.

Es ist aber auch für jede andere Coaching-Zusammenkunft notwendig, die Ziele und die konkrete Vorgehensweise der einzelnen Sitzung oder des Workshops klar und übersichtlich dem Beteiligten transparent zu machen. Hier werden die Erwartungen und Wünsche, aber auch Grenzen geklärt. Der Coach verdeutlicht in dieser Phase, was er anbietet, leisten kann, aber auch, wo seine Grenzen sind oder wo die Erwartungen den Rahmen sprengen, also was in diesem Rahmen möglich und machbar ist.

Enttäuschungen und Konflikte können auf diese Weise vermieden werden. Es kommt zu einer gegenseitigen Zustimmung und Bereitschaft, mit der gemeinsam vereinbarten Zielsetzung und Vorgehensweise zusammenzuarbeiten.

Fragen des Coachs zur Auftragsklärung:

Ziel:
Welches konkrete Thema oder Ziel verfolgen Sie?
Was genau ist das (konkrete) Problem?
Warum ist das Thema ein Thema?
Welche konkreten Erwartungen und Wünsche haben Sie?
Wozu soll die Veränderung führen?
Woran werden Sie erkennen, dass eine Veränderung stattgefunden hat?
Was wurde bisher dazu unternommen?

Strategie:
Welche Vorstellungen gibt es über die Art und Weise des Vorgehens? Was ist ausgesprochen unerwünscht?
Welche konkreten ersten Schritte erwarten Sie?

Wodurch soll/kann Ihrer Meinung nach die Veränderung herbeigeführt werden?
Wie viel Zeit steht zur Verfügung?
Personen (bei externer Auftragsklärung):
Wer nimmt an der Veranstaltung teil?
Was ist für diese Personen wichtig? Was erwarten Sie?
Welche Probleme, Interessen, Motivation oder Fähigkeiten bringen diese Personen mit?

4.3   Orientation – Themenorientierungsphase

Nach der Klärung der organisatorischen Rahmenbedingungen findet in dieser Phase die inhaltliche Klärung bzw. konkrete Formulierung des Problems oder Ziels statt.

In dieser Phase wird das Thema, Problem oder Ziel mithilfe von präzisen Fragen klar ins Bewusstsein des Klienten gerückt, sodass die Bedeutung geklärt wird sowie die dazugehörigen Sichtweisen offengelegt werden. Häufig wird in dieser Phase deutlich, dass das eigentlich wichtige Thema, Problem oder Ziel bisher für den/die Klienten nicht bewusst war, sondern sich hinter anderen Themen geschickt versteckte.

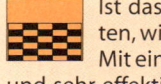 Ist das Thema nicht wirklich wichtig für den Klienten, wird kein Veränderungsprozess stattfinden.
Mit einem unwichtigen Thema kann man sich lange und sehr effektiv um die wirkliche Veränderungsarbeit drücken.

Daher muss der Coach in dieser Phase sehr aufmerksam sein, an welchem Thema der Klient tatsächlich arbeiten möchte bzw. wofür überhaupt die Bereitschaft zur Veränderung vorhanden ist.

Indem der Coach den Klienten ermutigt, seine „Geschichte" in seiner vollen Komplexität zu erzählen, wird das eigentliche Thema herausgearbeitet:„Was genau ist geschehen? Erzählen Sie mir ganz genau, was Sie erlebt haben, wie Sie sich gefühlt haben, was Sie gesehen, gehört … haben!"

Gelingt es, das eigentliche Thema zu entlarven, ist der erste Schritt zur Identifikation mit dem Thema und zum Gelingen des Veränderungsprozesses geleistet.

 Übung zum Entlarven des wichtigsten Themas:
• Welche Menschen stören Sie im Moment in Ihrem Umfeld am meisten?
• Was genau stört Sie an ihnen? Beschreiben Sie es so genau wie möglich entlang der Coaching-Ebenen!
• Was genau hat das mit Ihnen zu tun? Überprüfen Sie jeden Aspekt!
• Welches Gefühl ist in Ihnen präsent (Angst, Wut etc.)?
• Was genau hat dieses Thema mit Ihnen zu tun?
• Wozu entwickeln sie diese Gefühle?

Finden Sie heraus, welche **Botschaft zur Veränderung** in diesen Signalen enthalten ist. Welche positiven Aspekte Ihrer Persönlichkeit könnten hier zur Entfaltung kommen.
Bei den (uns störenden) Menschen sollten wir uns – auch wenn es schwerfällt – bedanken. Sie zeigen uns, was uns an uns selbst stört. Wir können es nur bei uns selbst noch nicht wahrnehmen. Die anderen dienen uns als Spiegel.

Das ist eine sehr gute Übung für Themen, die bereits in die Nähe unseres Bewusstseins vorgedrungen sind.

Vielfach ist es jedoch schwierig, das eigentliche Thema zu identifizieren. Am Ende dieser Phase sollte das Ziel des Coachings („Wir werden Fußballweltmeister!") definiert oder aber das Problem grob umrissen sein.

Veränderungsprozesse sind wie die **Reise des Helden**, der auszieht, in der Fremde den bösen Drachen zu besiegen, um seinen Schatz zu befreien, verschiedene Schwellen zu übertreten hat und als Held in die Heimat bejubelt und verehrt mit der Trophäe oder dem Elixier zurückkehrt (siehe Kapitel 7 „Die Reise des Helden").

> Der Held hat die Schwelle übertreten und versucht, sich in der Fremde zu orientieren.

4.4 Analysis – Selbstbeobachtungsphase

In dieser Phase, wie der Name bereits besagt, beobachtet der Klient sich selbst – seine Handlungen, Fähigkeiten, Gedanken bis hin zu Einstellungen – im Kontext des zuvor formulierten Ziels oder Problems. Die Aufgabe des Coachs ist es, dem Klienten einen Rahmen zu schaffen, sodass dieser seine (Problem-)Situation realistisch (frei von Bewertung) wahrnehmen und erkennen kann. Schließlich geht es beim Coaching darum, die individuellen Blockaden zu identifizieren, um die Potenziale frei zu entfalten.

Da große Veränderungsthemen sich jedoch sehr geschickt verstecken und hartnäckig um ihr Bestehen kämpfen, reichen Gesprächs- und Fragetechniken häufig für tief greifende Veränderungsarbeit nicht aus. Vielmehr ist eine Verbindung mit Körperarbeit zum Erzielen nachhaltiger Effekte notwendig, da unser Körper letztlich eine Manifestation unseres Geistes darstellt und jede Zelle Informationen speichert. Die neue Wissenschaft der Epigenetik belegt anhand von biochemischen Funktionen unseres Körpers, dass unser Denken und Fühlen bis in jede einzelne Zelle hineinwirkt (Lipton 2006).

Das bedeutet, mentale Blockaden oder innere Streitgespräche manifestieren sich häufig auf die eine oder andere Art im Körper. Unser Körper kann uns demnach umfangreiche Informationen für notwendige Veränderungsthemen und Denkmuster liefern. RUEDIKER DAHLKE und MOSHE FELDENKRAIS meinen sogar, dass sowohl unser persönliches Leben als auch unser kollektives Dasein durch die Verbindung zwischen innen und außen, zwischen Geist und Materie gesteuert wird.

Kreatives Visualisieren von Blockaden

MOSHE FELDENKRAIS z.B. betrachtete jeden Fall so, als wäre es sein erster. Dadurch war er stets unvoreingenommen und neugierig. Er stellte sich die ihm berichteten Probleme als Strukturen eines Systems vor seinem inneren Auge vor und schickte einen imaginären Lichtstrahl durch das visualisierte System gleich welcher Art. Da, wo der Lichtstrahl blockiert wurde, forschte er weiter.

Darüber hinaus lieferte ihm seine Körperarbeit nützliche Informationen und Ansatzpunkte für die weitere Arbeit, denn FELDENKRAIS wusste, dass jedes Körperteil und -organ neben den physiologischen auch psychologische Bedeutung hat.

Innere Blockaden entstehen und werden kontinuierlich verstärkt durch **konditionierte Selbstkritik**. Doch genau hier besteht die Schwierigkeit, die Selbstkritik überhaupt zu erkennen und dann abzuschalten. Unter Selbstkritik versteht man den Akt der Selbstbeurteilung und Selbstverurteilung. Ein Ereignis wird negativ oder positiv bewertet. Positive Beurteilungen bestärken in der Regel das Selbstwertgefühl, negative hingegen wirken wie Beschimpfungen. Einen großen Teil unserer Lebenszeit verbringen wir Menschen damit, innere Streitgespräche zu führen oder unser Gedankenkarussell um negative Erlebnisse kreisen zu lassen.

„Zwei Seelen wohnen ach in meiner Brust", lässt GOETHE seinen Faust sagen und wir alle kennen diesen inneren Disput. An den Gesichtern der meisten Menschen kann man unschwer erkennen, dass im Inneren ein Zwiegespräch – mit welchem Ausgang auch immer – stattfindet. Wer unterhält sich da? SCHULZ VON THUN (1996) spricht hier sogar von ganzen Teams.

Bleiben wir bei der Variante von zwei Streitenden. GALLWEY (1974) nennt sie den **Bestimmer** und den **Macher**. Er fand, dass der Schlüssel für persönliche Entwicklung und Entfaltung des individuellen Potenzials darin besteht, die Beziehung zwischen bewusstem Bestimmer und unbewusstem automatischem Macher zu verbessern.

Das dauernde Denken des bewussten Bestimmers stört die natürlichen Handlungsprozesse des unbewussten Machers. Der Zen-Lehrer D. T. SUZUKI (2003) beschreibt das so: „Sobald wir nachdenken, überlegen und Begriffe bilden, geht das ursprüngliche Unbewusste verloren, und ein Gedanke taucht auf … Der Bogen ist abgeschossen, aber er fliegt nicht gerade zur Scheibe hin, und die Scheibe steht auch nicht dort, wo sie stehen soll. Kalkulation, eigentlich Miss-Kalkulation, setzt ein …"

Stellen Sie sich vor, dass Bestimmer und Macher zwei unabhängige Personen sind. Sie lauschen folgender Unterhaltung: „Meine Güte, wie siehst du heute wieder aus!" „Wie sehe ich denn aus?" „Hässlich, faltig, alt! … Du würdest mir viel besser gefallen, wenn du so aussehen würdest wie …!" „Wie soll ich das bloß machen, das schaffe ich doch nie."

Oder eine andere Szene: „Man, bist du heute wieder langsam! Streng dich an! Dein Gedächtnis ist auch nicht gerade besonders gut! Du bist einfach zu blöd! So wirst du's nie zu etwas bringen!"

Wie fühlt sich Ihrer Meinung nach der Macher?

Vermutlich führt ihn diese Zwietracht zu mangelndem Selbstvertrauen und die eigentlich beabsichtigten Handlungen misslingen.

Während wir in der vorangegangenen Phase das Problem grob umrissen und beschrieben haben, beobachten und erkennen wir in dieser Phase den **inneren Kritiker**. Wir nehmen ihn bewusst wahr, denn er **will uns eine wichtige Botschaft übermitteln**. Dazu müssen wir uns selbst zuhören und zusehen, d. h. das eigene Denken und Handeln beobachten.

Übung zur Selbstbeobachtung
- Halten Sie einen Moment inne! Worüber denken Sie gerade nach?
- Blicken Sie in den Spiegel! Wie sehen Ihre Gesichtszüge aus?
- Wie fließt Ihr Atem?
- Ist Ihre Haltung entspannt?
- Wie fühlt sich Ihr Körper an?

Der Coach hat hier die Aufgabe, eine Atmosphäre zu schaffen, dass der Klient **bewusster Beobachter oder Zeuge seiner Gefühle, Gedanken und Handlungen** bezüglich seines Themas wird. Er muss den Prozess bzw. die Strategie verstehen, die sein Handeln steuert.

Die Strategie, den Handlungsprozess genau zu identifizieren:

„Im inneren Spiel muss als Erstes die Fähigkeit, bewertungsfrei wahrzunehmen, entwickelt werden. Wenn wir zu beurteilen „verlernen", entdecken wir, gewöhnlich mit einiger Überraschung, dass wir nicht die Motivation eines Reformers brauchen, um unsere „schlechten" Gewohnheiten zu ändern. Es gibt einen natürlichen Lern- und Leistungsprozess, der darauf wartet, entdeckt zu werden. Er wartet darauf, zeigen zu können, was er kann, wenn ihm gestattet wird, unbehindert von dem Streben des kritischen Ich wirken zu dürfen." (GALLWEY 1974)

Am Ende dieser Phase sollte der Klient ein Bewusstsein für die blockierenden Energien (die konditionierte Selbstkritik), die vor den noch ungenutzten Potenzialen (die den ureigenen Lern- und Entwicklungsprozess behindern) stehen, erkannt haben.

Das ist die Voraussetzung für den nächsten Schritt. Im Idealfall hat der Klient hier bereits seinen Aha-Effekt und die Blockaden lösen sich in Wohlgefallen auf. In der Regel fängt hier aber die Odyssee erst an.

Der Held ist zum tiefsten Punkt der Höhle vorgedrungen, der entscheidende Kampf steht bevor.

4.5 Change – Veränderungsphase

Wie auch die moderne Hirnforschung belegt, ist Veränderung jederzeit möglich. Aber mit erlernten Denk- und Verhaltensmustern verhält es sich genauso wie mit Trampelpfaden, aus denen über die Jahrhunderte Autobahnen entstanden sind. Eine Veränderung der Trassenführung ist zwar anfangs in der Planungsphase mit vielen Widerständen der Anwohner behaftet, der Bau der neuen Autobahn jedoch ist mindestens mit genauso viel körperlicher Mühe und Kraftaufwand der Bauarbeiter und -maschinen verbunden. Bis schließlich die alte Strecke komplett abgetragen und wieder begrünt ist, vergehen weitere Monate.

So verhält es sich auch beim Coaching. Wenn gleich das Problem in der Selbstbeobachtungsphase bzw. die blockierenden Muster erkannt und akzeptiert wurden, beginnt nun die Phase des Neulernens und, was vielleicht an mancher Stelle noch viel schwieriger ist, das **Loslassen der alten Muster bzw. Gewohnheiten**.

Loslassen der alten (gewohnten) Muster

Zum Loslassen alter Muster und Gewohnheiten gibt es verschiedene Möglichkeiten:

▶ Die beiden Widersacher versöhnen sich,
▶ sich selbst seine oder den anderen ihre Schwächen vergeben,
▶ sich auf sein Ziel ganz konzentrieren und/oder
▶ Wünsche wahr werden lassen.

Die beiden Widersacher versöhnen sich

„... um den Einklang der beiden Selbst herzustellen, muss man das Denken beruhigen. Das bedeutet, weniger zu denken, zu berechnen, zu beurteilen, sich weniger zu ärgern, zu befürchten, zu hoffen, sich weniger anzustrengen, zu bedauern, zu kontrollieren, weniger nervös und zerstreut zu sein. Das Denken steht still, wenn es vollkommen hier und jetzt eins ist mit der Handlung und den Handelnden. Das innere Spiel hat das Ziel, die Häufigkeit und die Dauer dieser Momente zu steigern, indem es nach und nach das Denken zur Ruhe bringt und dadurch eine Erweiterung unserer Lern- und Leistungsfähigkeit ermöglicht." (GALLWEY 1974)

Und wie soll das gehen? Werden Sie sich berechtigterweise fragen. Indem Sie einfach das Denken zur Ruhe bringen. Probieren Sie es aus!

- Legen Sie einfach das Buch zur Seite und hören Sie auf, etwas zu denken.
- Denken Sie ab jetzt an überhaupt nichts!
- Wie lange können Sie in einem Zustand verweilen, wo Ihr Kopf frei von jeglichem Gedanken ist? Zehn Sekunden? Eine Minute?

Wenn Sie es fertigbringen, Ihr Denken zur Ruhe zu bringen, brauchen Sie kein Coaching, denn Sie haben bereits den Schlüssel zur vollständigen Konzentration gefunden.
Der Weg zur Quelle aller Geheimnisse des Lebens und zum Ursprung von Wahrheit, Liebe und Freude ist frei.

Für die meisten Menschen in unserer hektischen Zivilisation ist es jedoch vermutlich schwierig oder sogar unmöglich, den Verstand vollständig zur Ruhe zu bringen. Ein Gedanke hängt sich an den anderen.

Zu Wohlbefinden und Konzentration können z.B. Tai-Chi, Qigong, TriYoga, autogenes Training oder Meditation effektiv beitragen.

„Die meisten von uns müssen, um das Denken zu beruhigen, einen Prozess durchlaufen, bei dem sie nach und nach mehrere innere Fähigkeiten erlernen. Mit diesen inneren Fähigkeiten können geistige Gewohnheiten aus der Kindheit abgelegt werden." (GALLWEY 1974)

Da gerade dies nicht so leicht ist, wie es klingt, versuchen Sie es mit Vergeben der eigenen Schwächen oder Stimmungen wie (Wut, Neid, Trauer etc.).

Sich seine Schwächen vergeben

Die Fähigkeit zur **Vergebung** gilt in vielen Kulturen als eine menschliche Tugend. Wer anderen vergibt, ist bereit zur Versöhnung und verhält sich nicht nachtragend. Zur Aussöhnung mit dem inneren Kritiker ist Vergebung ein wichtiger Schritt.

Vergeben bedeutet, die erkannte Schwäche zu akzeptieren, als Botschaften des Unterbewusstseins anzuerkennen und demgemäß zu würdigen. Erst dann können wir sie loslassen. MAHATMA GANDHI soll gesagt haben: „Der Schwache kann nicht verzeihen. Verzeihen ist eine Eigenschaft des Starken."

Loslassen bedeutet, das, was wir an uns am allerwenigsten mögen, ins Herz zu nehmen. „Vergebung ist keine einmalige Sache, Vergebung ist ein Lebensstil", bemerkte MARTIN LUTHER KING.

> Bereits in der *Bibel* Matthäus 7,1 – 2 finden wir:„Richtet nicht, damit ihr nicht gerichtet werdet! Denn mit demselben Gericht, mit dem ihr richtet, werdet ihr gerichtet werden; und mit demselben Maß, mit dem ihr zumesst, wird auch euch zugemessen werden."

Manchmal ist es leichter, erst den anderen zu vergeben. Denn, was wir an anderen nicht mögen, hat immer etwas mit uns selbst zu tun. Alles negative Denken fällt auf uns selbst zurück, wie es in der kleinen (gekürzten) Geschichte „Das Tao des Vergebens" von DEREK LIN beschrieben ist:

> *Eines Tages gab der Weise dem Schüler einen leeren Sack und einen Korb voller Kartoffeln.„Denk an alle Menschen, die in letzter Zeit etwas gegen dich gesagt oder getan haben, besonders jene, denen du nicht vergeben kannst. Schreibe von jedem den*

Namen auf eine Kartoffel und tu sie in den Sack." Dem Schüler fielen eine Menge Namen ein, und bald war sein Sack voll mit Kartoffeln. „Trage den Sack eine Woche lang mit dir, wohin auch immer du gehst", sagte der Weise. Zuerst war der Sack nicht schwer zu tragen. Aber nach einer Weile wurde es nicht nur immer lästiger, die Kartoffeln herumzutragen, sie begannen auch zu faulen und zu stinken. Nach einer Woche war es dem Schüler klar geworden, und er teilte es dem Meister mit: „Wenn wir es nicht schaffen, anderen zu vergeben, tragen wir ständig negative Gefühle mit uns herum, so wie diese Kartoffeln. Wir müssen danach streben, zu vergeben, denn jemandem zu vergeben ist wie das Herausnehmen einer Kartoffel aus dem Sack … Aber Meister, wir können niemals kontrollieren, was andere tun. Werden dann immer Kartoffeln in meinem Sack sein?" „Ja, solange Menschen auf irgendeine Weise etwas gegen dich tun oder sagen, wirst du immer Kartoffeln im Sack haben, die stinken." … „Was können wir dann tun?" „Das kannst du selbst herausfinden. Wenn die Kartoffeln negative Gefühle sind, was ist dann der Sack?" „Der Sack ist … das, was es mir erlaubt, die Negativität festzuhalten. Es ist etwas in uns, das uns dazu bringt, uns angegriffen zu fühlen … Ah, es ist mein aufgeblasener Sinn meiner eigenen Wichtigkeit." „Und was passiert, wenn du ihn loslässt?" „Dann … scheinen die Dinge, die Menschen gegen mich tun oder sagen, keine so große Sache mehr." „In dem Fall wirst du keine Namen haben, um sie auf Kartoffeln zu schreiben. Das bedeutet, kein Gewicht mehr, das du herumtragen musst, und keinen Gestank mehr. Das Tao der Vergebung ist die bewusste Entscheidung, nicht nur ein paar Kartoffeln zu entfernen, sondern gleich den ganzen Sack loszulassen."

Wenn wir also das, was uns an anderen stört, als zu uns gehörig akzeptieren und anfangen, es zu vergeben oder sogar zu lieben, erzeugen wir inneren Frieden – Versöhnung der inneren Gegenspieler.

Übung: Vergeben
- Beobachten Sie Ihre Gedanken! Welche negativen Gedanken durchziehen Ihr Denken/Bewusstsein?
- Vergeben Sie sich diese negativen Gedanken, indem Sie das Thema konkret benennen wie beim Beten. Ich vergebe mir meine Wut über …! Wiederholen Sie das Vergeben so lange, bis das Denken sich beruhigt hat.
- Lassen Sie anschließend durch den ganzen Körper einen Lichtstrahl fließen, der jede Zelle mit glänzendem Licht durchflutet und reinigt.

Nach dieser Übung berichten Klienten oft, dass sie sich *„erleichtert fühlen"*, dass sie *„etwas losgelassen haben"* oder dass sie *„etwas losgeworden sind"*.

Das Loslassen und Vergeben ist im Grunde der entscheidende Kampf des Helden gegen seinen größten Feind.

Sich auf sein Ziel ganz konzentrieren

„Der Mensch ist ein denkendes Wesen, aber seine großen Werke werden vollbracht, wenn er nicht rechnet und denkt. „Kindlichkeit" muss nach langen Jahren der Übung in der Kunst des Sich-selbst-Vergessens wiedererlangt werden." So der Zenmeister D. T. Suzuki.

Zweifelsohne bedarf das Bogenschießen wie auch jede andere Technik, will sie bis zur Meisterschaft gebracht werden, viel Übung. Auch Genies beherrschen die ihrer Arbeit zugrunde liegenden Techniken erst nach Jahren ständigen Wiederholens bis zur Perfektion. Dennoch sagt man auch hier, dass

▶ große Dichtkunst in der Stille geboren wird,

- ▶ große Musik und Kunst aus den Tiefen des Unbewussten aufsteigen,
- ▶ wahre Liebesäußerungen von der Quelle kommen, die jenseits aller Worte und allen Denkens liegt,
- ▶ größte sportliche Leistungen vollbracht werden, wenn der Verstand so ruhig ist wie ein spiegelglatter See.

Der Psychologe ABRAHAM MASLOW hat diese Momente untersucht, als Grenzerfahrungen bezeichnet und wie folgt beschrieben: Die Person
- ▶ … fühlt sich als Ganzes, voll da und in ihrem Element.
- ▶ … ist eins mit dem Erlebnis und ganz gegenwärtig.
- ▶ … ist mühelos, frei von Sperren, Hemmungen, Vorsicht, Furcht, Zweifeln, Kontrollen, Vorbehalten, Selbstkritik, Schranken.
- ▶ … fühlt sich auf dem Gipfel ihrer Kräfte.

Um die hohe Konzentration zu erreichen und den Verstand abzuschalten, bedient man sich beim Coaching des kreativen Visualisierens. Der Klient stellt sich den Zielzustand bildhaft vor oder verändert seine inneren Bilder.

ALBERT EINSTEIN sagte: „Fantasie ist wichtiger als Wissen. Wenn Sie um sich schauen, sehen Sie Möbel, Bücher, Computer, Häuser und vieles andere mehr. All diese Dinge, die heute Realität sind, waren irgendwann ein Traum im Geiste eines Menschen." Inspiration, Imagination und Kreativität sind die Antriebskräfte für Veränderung. Der Berührungspunkt zu dem, was uns wirklich wichtig ist – das Wahre, Schöne und Gute –, liegt tief in unserem Inneren. Nur wir selbst können unseren Schatz am tiefsten Punkt der Höhle vom Drachen bewacht finden. Hier liegt der spirituelle Kern, der Seelenfunken, der Heilige Gral. Durch die Innenschau werden die engen Grenzen unserer mit den Sinnen wahrgenommenen Welt erweitert und ungeahnte Räume und Dimensionen erfahrbar.

Die Quantenmechanik belegt, dass alles Energie und alles mit allem verbunden ist. Dinge, die wir fest und voneinander getrennt wahrnehmen, sind nur verschiedene Formen unserer essenziellen Energie. Gedanken sind eine schnelle, leichte und bewegliche Form von Energie, womit wir beginnen, etwas zu erschaffen, bevor es eine manifeste Form erhält.

 Über die Idee und deren Ausstrahlung ziehen wir das an, was uns im Geiste beschäftigt. „In der Praxis bedeutet das Folgendes: Wenn wir negativ und furchtsam, unsicher und ängstlich sind, werden wir dazu neigen, gerade jene Erfahrungen, Situationen oder Menschen anzuziehen, die wir zu vermeiden suchen. Wenn wir eine von Grund auf positive Einstellung haben, wenn wir Freude, Befriedigung und Glückseligkeit erwarten und uns diese Seelenzustände vorstellen, dann werden wir Menschen, Situationen und Ereignisse anziehen oder so gestalten, dass sie mit unseren positiven Erwartungen übereinstimmen. Je mehr positive Energie wir aufbringen, uns das vorzustellen, was wir wollen, desto mehr fängt es an, sich in unserem Leben zu manifestieren." (GAWAIN 1995)

„Kreatives Visualisieren" ist die Methode, die eigene Vorstellungskraft mit allen Sinnen (sehen, hören, fühlen, und vielleicht auch schmecken, riechen) zu nutzen, um Lebenswünsche zu verwirklichen. Diese natürliche Kraft der Vorstellung besitzt jeder. Hierin liegt der Schatz verborgen, den es systematisch zu erkennen gilt, um tiefe innere Wünsche wahr werden zu lassen. Durch die schöpferische Fantasie der inneren Bilder kann man Schritt für Schritt bewusst erschaffen, was man wirklich will. Dabei lohnt es sich, immer auf die innere Stimme (Intuition) zu hören, um die passende Wahl zu treffen. LAURA DAY (2004) propagiert dabei ein mehrstufiges Modell:

- ▶ **Öffnung für intuitive Eindrücke** („Bodycheck"). Was genau nehmen Sie in der Welt wahr? Wir nehmen nur das wahr, was wirklich wichtig für uns ist. Alles, was wir wahrnehmen, hat also eine Bedeutung und bietet uns Lösungsvorschläge für unser Thema.
- ▶ **Bewusstes Formulieren der anstehenden Frage** bezüglich der Lösung eines Problems. Wir bekommen ständig Informationen, häufig ist uns aber unsere Frage nicht bewusst. Daher ist es wichtig, die Frage, auf die wir eine Antwort suchen, klar und eindeutig zu formulieren.
- ▶ **Interpretation** der sinnlichen **Wahrnehmungen** intuitiver Eingebungen. Wir erhalten die Antwort in Form von Bildern, Symbolen oder Metaphern. Diese müssen wir lernen zu entschlüsseln oder zu interpretieren.
- ▶ **Rationales Abwägen der Ergebnisse**. Es geht darum, die innere Stimme bewusst, systematisch und kritisch zu nutzen, sodass man sich jederzeit klar darüber ist, was gut und sinnvoll für die persönliche Entwicklung ist.

Wünsche wahr werden lassen

„Es war einmal vor langer Zeit, als das Wünschen noch geholfen hat" … so beginnen viele schöne Märchen. Man könnte es als Hinweis darauf sehen, dass wir uns unsere eigene Wirklichkeit selbst erschaffen können.

Inzwischen gibt es sogar stichhaltige naturwissenschaftliche Beweise, dass Wünsche Realität werden können. Der pH-Wert von Wasser und die Form der Kristallisation beim Gefrieren verändern sich z. B. nachweislich durch den Einfluss von positiven oder negativen Informationen entsprechend unterschiedlich. Auch in der Quantenmechanik gibt es Nachweise, dass der Beobachter auf der subatomaren Ebene allein durch das Beobachten Veränderungen bewirkt.

Es sind zivilisationsbedingte Irrtümer unseres Denkapparates, die uns häufig daran hindern, unser schöpferisches Potenzial positiv zu nutzen, und durch die wir uns selbst begrenzen oder sogar unglücklich machen. Aber wer möchte nicht sein Leben selbst gestalten, zum richtigen Zeitpunkt das bekommen, was man gerade braucht – Partner, Auto, Wohnung! Dass dies kein Wunschtraum zu bleiben braucht und wie man sich diese Fähigkeit, das Richtige vom Leben geschenkt zu bekommen, erwirbt, zeigen uns Bärbel Mohr (2004) und Pierre Franckh (2005) anhand einfacher Regeln.

► **Wir bekommen immer genau das, was wir wollen**: Beobachten Sie daher Ihre Gedanken. Sie sind, was Sie über sich denken. Angst beispielsweise ist wie beten, wir beten uns das Negative herbei, und weil unser Denken ständig um unsere negativen Erwartungen kreist, wird sie sich manifestieren.

► **Machen Sie sich ein konkretes Bild von dem, was sein soll**: Eine unserer wunderbaren menschlichen Fähigkeit ist es, uns Dinge vorstellen zu können, die (noch) nicht existieren. Kurz gesagt: Wir erschaffen künftige Möglichkeiten in unserem Geist. Fangen Sie klein an und machen Sie Ihr Wunschbild immer präziser, bis Sie es ganz genau vor Ihrem inneren Auge sehen können.

► **Vertrauen in die innere Kraft setzen und Ängste loslassen**: Wichtig ist es, angstfrei dieses Bild zu erschaffen. Auch negative Bilder sind eine Schöpfung unseres Geistes. Wir ziehen immer das an, woran wir ständig denken. Mit etwas

Vertrauen in die universelle Kraft (Gottvertrauen), lassen die Anstrengung und damit auch die Angst nach. Die innere Kraft wird nicht mehr blockiert, sondern kann sich voll entfalten.

▶ **Dankbar sein**: Dankbarkeit ist eine wunderbare Möglichkeit, sich die positiven Effekte des Wünschens zu verdeutlichen und weiterhin auf die innere Kraft zu vertrauen.

Letztlich geht es beim Wünschen darum, das negative Denken loszulassen, zu lernen, auf die innere Stimme (Weisheit) zu hören, und Vertrauen in eine universelle Kraft (Gott) zu gewinnen.

> Der Held hat nun das Elixier oder den Schatz gefunden und kann sich auf den Rückweg begeben.

Erste Schritte

Je klarer der Wunsch oder das Ziel erkennbar wird, desto kraftvoller wirkt es zurück und die Motivation zur Umsetzung kann sich mehr und mehr entfalten.

Dazu gehört es auch, den erwünschten Zustand in das konkrete Umfeld zu integrieren und in die Tat umzusetzen. Die neuen Denk- und Verhaltensweisen müssen sich in das gewohnte Leben einfügen können. Die Phase des Lernens und Integrierens birgt in der Regel auch Hindernisse, die bereits im Vorfeld berücksichtigt werden können oder überraschend auftreten.

Daher ist es auch wichtig, die eigenen Schwächen zu kennen, um für den Alltag möglichst gewappnet zu sein. **Konkrete erste Schritte** werden **geplant** und Maßnahmen für die Umsetzung definiert.

Genauso wie die deutsche Nationalelf ihre Trainingsstunden und Qualifikationsspiele absolvieren und gewinnen musste, ist der Klient gefordert, das neu Gelernte in sein gewohntes Leben Stück für Stück zu integrieren.

> Die Rückkehr des Helden ist mit vielen Hindernissen verbunden. Die Geschichte entwickelt sich zum Höhepunkt, auf dem der Held nochmals geprüft wird, ob er den Schatz auch wirklich verdient hat.

Indem der Klient das Neue in seinem Leben verankert, verändert er auch die Gewohnheiten in seinem Umfeld. Der Coach kann auch diese Veränderungen mit begleiten.

> Der Held bringt das Elixier oder den Schatz in seine alte Welt. Und auch diese kann dadurch gerettet werden.

4.6 Harbour – Zielerreichung und Abschlussphase

Diese Phase sollte ein bewusstes und für alle erlebbares Ende darstellen. Um ein Erfolgserlebnis zu verdeutlichen, werden die inhaltlich-sachlichen Ergebnisse wiederholt und der Prozess, mit dem das Ergebnis zustande (oder nicht zustande) gekommen ist, wird reflektiert. Anschließend ist es wichtig, die positiven und negativen Emotionen, die während des gesamten Prozesses aufgetreten sind, deutlich zu machen. Es wird damit überprüft, ob die Bedürfnisse und Erwartungen aller Beteiligten erfüllt wurden.

„Aller Abschied ist schwer", weiß auch hier wieder der Volksmund sehr treffend zu formulieren. Selbst bei konkreter Zielerreichung fällt es manchmal nicht leicht, den richtigen

Zeitpunkt für die Trennung zu finden. Der Abschluss des Coachings ist jedoch notwendiger Teil des Gesamtprozesses und muss vom Coach bewusst gestaltet werden, sodass der Klient bewusst den Lern- und Entwicklungsprozess für sich nachvollziehen kann. Der Klient kann dann für zukünftige Übergangsphasen das Wissen und die neu erworbenen Fähigkeiten zur Gestaltung von Veränderungsprozessen nutzen.

 Daher gehört es zum Abschluss, dass der Coach dem Klienten seinen Lern- und Entwicklungsprozess nochmals vergegenwärtigt. Feedback wird durchgeführt anhand der Veränderungsphasen mit Beispielen, was gut gelaufen ist und wo bei zukünftigen Entwicklungen Schwierigkeiten auftreten und weitere Potenziale erschlossen werden können.

Umgekehrt liefert das Feedback des Klienten für den Coach wichtige Impulse für seine Weiterentwicklung. Der Coach kann überprüfen, inwieweit seine Vorgehensweise passend und angemessen war.

Die Abschlussphase ist daher für den Klienten wie auch den Coach unverzichtbar und sollte – auch im Falle einer vorzeitigen Beendigung des Coachings – stets durchgeführt werden, um den begonnenen Prozess angemessen zu beenden, und beinhaltet im Grunde die Erfahrungssicherung für den Coach.

 Variablen der Messung der Erfolge des Coachings anhand:
1. Grad der Zielerreichung
2. Allgemeine Gemütslage (Optimismus, Gelassenheit, Selbstwertgefühl etc.)
3. Zunahme an Handlungskompetenz

4. Zufriedenheit mit dem Ablauf des Coachings
5. Positives Feedback aus dem Umfeld des Klienten
6. Verbesserung des allgemeinen Gesundheitszustandes

Coaching hat das Ziel, den Klienten durch tief greifende Veränderungsprozesse hindurchzuführen. Veränderungsprozesse sind durch typische Phasen charakterisiert, die im Folgenden konkret beschrieben werden.

5 Phasen von Veränderungsprozessen

Tief greifende Veränderungsprozesse vollziehen sich entsprechend Bild 3 in typischen Phasen.

5.1 Schock

Der Mensch ist ein Gewohnheitstier. Treten unerwartete Situationen auf, reagieren wir in aller Regel mit **Schock** oder **Angst**.

Die Natur hat es so eingerichtet, dass sich Adrenalin im Körper ausbreitet. Blitzartig sind wir auf physiologischer Hochleistung. Alle Körperfunktionen sind auf Angreifen oder Weglaufen ausgerichtet. Für unsere Vorfahren war dieser uralte Notfallmechanismus entscheidend für das Überleben. Heute stehen wir vor einer ganz anderen Herausforderung.

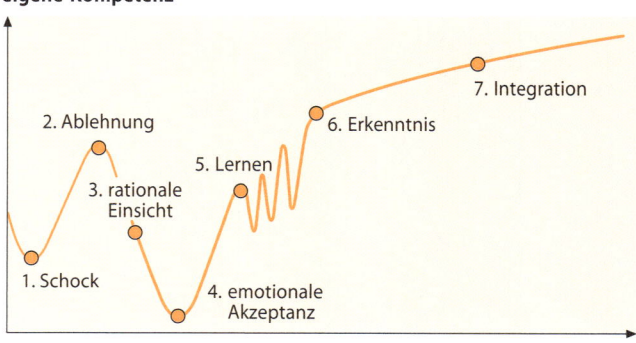

Bild 3: *Phasen von Veränderungsprozessen*

Weglaufen, Angreifen oder Totstellen funktioniert nicht mehr. Vielmehr wird nahezu in allen Bereichen der Gesellschaft Veränderungsbereitschaft erwartet. Gewohnte Denk- und Verhaltensweisen kollidieren häufig mit den neuen Erfordernissen.

Erleben wir unser Umfeld nicht so, wie wir es erwarten, können Ängste entstehen. Ängste führen zu Stressreaktionen, denn wir verfügen nur über eine begrenzte Anzahl von Handlungsmöglichkeiten, die wir immer wieder einsetzen, um bestimmte Situationen zu meistern. Mit den bewährten Handlungsmustern fühlen wir uns sicher, dadurch wird unser Selbstwertgefühl gesteigert oder zumindest bewahrt. Neue, unerwartete Situationen erfordern im Regelfall auch neue Denk- und Verhaltensweisen, die tendenziell risikobehaftet sind: Sie sind nicht eingeübt und es können Fehler gemacht werden, was eine Bedrohung unseres Selbstwertgefühls darstellen kann.

Gewohnte Strukturen und gültige Regeln erschweren das Ausprobieren neuer Verhaltensweisen und Fehler werden meistens nicht toleriert. Das alles führt zu **Stressreaktionen** des Körpers, die in der Regel nicht wirklich lebensbedrohlich sind, uns aber in unserem Handlungsspielraum lähmen und unsere wahrgenommene eigene Kompetenz (gegebenenfalls auch das Selbstwertgefühl) mindern.

5.2 Ablehnung

Das damit verbundene Gefühl des Kontrollverlustes fördert das Bedürfnis, die bedrohte oder verloren gegangene Handlungsfreiheit wiederherzustellen. Sämtliche Glaubenssätze, Werte, Einstellungen oder Verhaltensweisen etc. werden aktiviert, um das bestehende Weltbild wiederherzustellen. Die **Ablehnung** einer notwendigen Veränderung ist die normale und unvermeidliche Begleiterscheinung von Veränderungsprozessen.

Da sich die Welt draußen aber nicht (zurück)verändert, kommt es zu inneren und/oder äußeren Konflikten, Widerständen (z. B. Dienst nach Vorschrift) oder Auseinandersetzungen (z. B. Machtkämpfen).

> Generell kann beobachtet werden, dass Veränderungsprozesse von Personen, Gruppen oder ganzen Organisationen häufig in der Schock- und Ablehnungsphase verharren und die Chance für wirklich tief greifende Veränderungen verpasst wird. Möglicherweise ist die rationale Einsicht vorhanden, dass sich **etwas** verändern muss, jedoch die emotionale Akzeptanz, sich selbst infrage zu stellen, ist vielfach nicht gegeben. Man versucht, die notwendige Veränderung in seinem Umfeld auf die anderen abzuwälzen. Die Energie wird wiederholt für das hartnäckige Sichern der bestehenden Position genutzt.

Ablehnung von und Widerstand gegen Veränderungsprozesse in Organisationen zeigen sich auch darin, dass häufig keine wirklichen Entscheidungen getroffen werden. Man bleibt in der Analysephase, bringt ständig neue Argumente, warum etwas nicht geht, oder verliert sich in Detaildebatten. Es wird viel Papier produziert und wenig umgesetzt.

5.3 Rationale Einsicht

Wird die Notwendigkeit zur Veränderung anerkannt, sinkt in der Regel die wahrgenommene eigene Kompetenz. Es kommt zur **rationalen Einsicht**, dass eine schwierige Situation entstanden ist, für die man keine adäquaten Handlungsmuster zur Verfügung hat. Es rückt die Überlegung ins Bewusstsein, dass sich etwas verändern müsste. In erster Linie sollen sich die anderen ändern und gerne werden Schuldige gesucht und gefunden. Ersatzhandlungen werden angestrebt, um einer wirklich tief greifenden Veränderung auszuweichen. Vielleicht tut es auch ein neuer Haarschnitt, andere Kleider oder ein größeres Auto. Ein wirklicher Wille zu einer paradigmatischen Veränderung ist an dieser Stelle noch nicht vorhanden.

Die Notwendigkeit einer Veränderung tritt nur langsam als Möglichkeit ins Bewusstsein und altes Verhalten wird nur ganz vorsichtig infrage gestellt. Dieses zögerliche Verhalten lässt sich leicht erklären.

 Da es in unserem Kulturkreis üblich ist, Dinge mit „richtig" oder „falsch" zu bewerten, hieße das Infragestellen gewohnter Denk- und Verhaltensweisen, die alten könnten falsch gewesen sein. Man müsste sich selbst und seine ganze bisherige Existenz infrage stellen. Es entsteht zumeist eine Konfrontation mit den eigenen Schwachstellen oder Kritik an gewohnten Verhaltensweisen.

Zudem bieten gewohnte Denk- und Verhaltensweisen aufgrund ihres relativ festen Bezugsrahmens Sicherheit im Umgang mit anderen Menschen in unterschiedlichen Situationen.

Lernen und Arbeiten an der Veränderung von eigenen Denk- und Verhaltensweisen werden daher kaum ohne das Entstehen von Widerständen oder Krisen (ausgelöst durch innere und äußere Konfliktsituationen) vollzogen.

5.4   Emotionale Akzeptanz

Werden die bisherigen Erfahrungen, Normen, Ziele, Werte und/oder Handlungs- sowie Problemlösungsfähigkeiten weiter infrage gestellt, spitzt sich der innere Konflikt zwischen dem alten und dem neuen Denk- bzw. Verhaltensmuster (Paradigma) weiter zu.

Die wahrgenommene eigene Kompetenz schrumpft auf ein Minimum. Diese Phase wird auch als Krise (griech. *Krisis*, Entscheidung oder entscheidende Wendung) bezeichnet. Sie birgt die Chance zur **emotionalen Akzeptanz**, dass gänzlich neue Wege gegangen werden können, aber auch das größte Risiko zurück in den Widerstand – die Ablehnung – zu gehen.

 Ist die Person für die Veränderung bereit, ist dies der Punkt, wo alte Muster, Werte und Verhaltensweisen losgelassen werden. Entsprechend dem Mythos kann man hier *„wie ein Phönix aus der Asche …"* bis dahin ungenutzte Potenziale wecken, wobei man nach dieser Vorstellung die Essenz der alten Erfahrungen nutzt.
Der Volksglaube lehrt uns, dass der Phönix am Ende seines Lebens ein Nest baut, sich hineinsetzt und verbrennt. Nach Erlöschen der Flammen bleibt ein Ei zurück, aus dem nach kurzer Zeit ein neuer Phönix schlüpft.

5.5   Lernen

Nach der Geburt beginnt umgehend und unweigerlich ein **Lernprozess**. Genauso erzwingt die emotionale Akzeptanz, dass neue Erkenntnisse bzw. Erfahrungen zu dem Thema, das zuvor Angst und Stress verursachte, notwendig sind, um ungeahnte Potenziale zu erschließen.

Etymologisch gehört das Wort „lernen" zur Wortgruppe

von *leisten*, das ursprünglich *einer Spur nachgehen, nachspüren, schnüffeln* bedeutet. Beim Lernen *spüren* wir bestehenden *Bahnen* nach und hinterlassen gleichsam unsere *Spuren*. Auch hinterlässt Lernen Spuren im Gedächtnis. So haben wir uns alle irgendwann die „Finger verbrannt" und wissen nun, dass der Herd heiß sein kann.

Lernen beinhaltet die **Wahrnehmung der Umwelt** und **das Erkennen von Gesetzmäßigkeiten**. Insbesondere für den Menschen heißt Lernen, die Welt zu erkunden und Sinnzusammenhänge herzustellen. Es werden Vorgehensweisen zum Erreichen bestimmter Ziele entwickelt.

Das traditionelle Lernen von Fakten vollzieht sich in einem festen Bezugsrahmen von Werten, Normen und Grundannahmen. Erst wenn dieser Bezugsrahmen infrage gestellt wird, können gewohnte Denkweisen (Paradigmen) aufgebrochen und neue Verhaltensweisen entwickelt werden (dazu BATESON 1985).

Führend dabei sind Neuronen, die mit anderen in Verbindung stehen. Bei neu Erlerntem sind die Verbindungen noch zart, durch Wiederholung verstärken sie sich. Positive Emotionen fördern dabei das Lernen und halten das Gehirn lebendig. Gefördert werden die Neuronen beim Wachstum neuer Ausläufer durch Serotonin und Dopamin, zwei Hormone, die ebenfalls eine Schlüsselrolle für Lust, Genuss und Sympathie innehaben. Daher funktioniert Lernen bzw. Veränderung leichter mit einem reizvollen Ziel und in einer angenehmen, wertschätzenden Umgebung.

5.6   Erkenntnis

Beim Üben werden immer mehr Informationen gesammelt und auf Tauglichkeit geprüft. Lernen auf der untersten

Ebene ist Versuch und Irrtum. Vielleicht braucht es einen Versuch oder eben ganz viele. Dabei vollzieht sich der Lernprozess von der unbewussten über die bewusste Inkompetenz bis zur bewussten Kompetenz, indem die Schleifen des Lernens durchlaufen werden. „Steter Tropfen höhlt den Stein", weiß der Volksmund.

Für tief greifende Veränderungen bedarf es der **Erkenntnis**. Der **Baum der Erkenntnis** begegnet uns bereits im Alten Testament im ersten Buch Mose der *Bibel*.

Eva wird von der Schlange – die in anderen Religionen als Symbol für Weisheit und Erleuchtung gilt, welche die tiefen Geheimnisse des Lebens kennt – überredet, entgegen der Weisung Gottes vom Baum der Erkenntnis eine Frucht zu essen. Das Essen der verbotenen Frucht war zwar Rebellion gegen Gott (Sündenfall), brachte den beiden aber die Fähigkeit, sich selbst zu erkennen.

Erkennen ist nur durch Unterscheidung zwischen zwei Polen (hell und dunkel, gut und böse, warm und kalt etc.) möglich. Adam und Eva erhielten dadurch Bewusstsein über sich selbst – Selbstbewusstsein. Sie erkannten ihre Nacktheit und versuchten, diese mit Feigenblättern zu bedecken (Feigen gelten in der *Bibel* als Symbol für Heilung).

 Im Veränderungsprozess kann nach einer Phase des intensiven Arbeitens irgendwann der Punkt kommen, wo die Person einen **Aha-Effekt** erlebt. Das ist eine erleichternde, positive – vielleicht auch heilsame – emotionale Reaktion auf das spontane Erkennen; das Begreifen einer zuvor diffusen oder rätselhaften Sachlage. Zumeist wird ein „Aha" oder „Ach so" ausgesprochen, begleitet von deutlich erleichtertem Ein- und Ausatmen.

„**Heureka!**", (griech. ηΰρηκα, „ich habs gefunden") rief ARCHIMEDES VON SYRAKUS unbekleidet laufend durch die Stadt, nachdem er in der Badewanne das nach ihm benannte archimedische Prinzip entdeckt hatte. Seitdem ist „Heureka!" ein freudiger Ausruf bei der gelungenen Lösung einer schweren Aufgabe.

Was in der Phase der emotionalen Akzeptanz beginnt, findet im Aha-Effekt der Erkenntnis seinen Höhepunkt. Man kann es mit **Katharsis** (griech. κάθαρσις, „die Reinigung") beschreiben. In der Psychologie wird sie mit der Befreiung von inneren Konflikten erklärt. Verdrängte Gefühle, unterdrückte Wünsche und neue Handlungsperspektiven treten ins Bewusstsein. Die immer wieder aufsteigenden negativen Emotionen (Angst, Zorn, Missgunst etc.) verlieren ihre störende Wirkung, denn die neuen Möglichkeiten gewinnen an Kraft und Form. Dieses Erlebnis bewusst und kontrolliert durch bestimmte Techniken herbeizuführen ist Ziel von Coaching.

Das kathartische Erleben tritt aber im Gegenteil oft unvorbereitet und unerwartet ein. Damit treten das Suchen und manchmal auch Leiden zurück. Lebensziele und neue Handlungsmöglichkeiten treten deutlicher hervor, können nun angepackt werden, weil das Selbstwertgefühl (die wahrgenommene eigene Kompetenz) wieder erstarkt.

5.7 Integration

Allmählich kommt man wieder in einen Rhythmus, die neuen Denk- und Verhaltensweisen werden zur Gewohnheit. Der bewusste Lernprozess ist abgeschlossen. Aus der bewussten wird unbewusste Kompetenz. Die neuen Denk- und Verhaltensweisen werden zur Routine und sind integriert. Integration – von lat. *integer* bzw. griech. *entagros* = unberührt, unversehrt, ganz – bedeutet die *Herstellung eines Ganzen*.

In der Soziologie bedeutet **Integration** Wiederherstellung eines Ganzen durch Prozesse, die das Verhalten und Bewusstsein nachhaltig verändern. Ziel von Integration ist die kombinatorische Schaffung eines neuen Ganzen unter Einbringung der Werte und Kultur der außen stehenden Gruppe in die neue Struktur. Übertragen auf die einzelne Person bedeutet es das völlige Assimilieren der neu erlernten Denk- und Verhaltensweisen.

 Da Organisationen in erster Linie aus Menschen bestehen, die den beschriebenen Veränderungsprozess erst durchlaufen und für sich in ihrer Situation gestalten müssen, braucht Veränderung Zeit und Wertschätzung. Veränderungsprozesse sind in Organisationen welcher Art auch immer – Unternehmen, Gesellschaften, Kulturen – mit Schwierigkeiten und Widerständen verbunden.
Widerstände sind die normale Reaktion jedes Menschen auf Veränderungen. Sie drücken sich nur unterschiedlich aus.

Jedes erfolgreiche Coaching durchläuft diese Phasen (Bild 4) des Veränderungsprozesses. Ist das nicht der Fall, hat eine **tief greifende** Veränderung nicht stattgefunden.

Der Coach kann diesen Verlauf beeinflussen, indem er den Klienten unterstützt, die einzelnen Abschnitte möglichst in kurzer Zeit und komfortabel zu durchleben bzw. zu durchwandern.

Lebenskrisen zu überwinden hat die Menschen schon immer beschäftigt. Besonders anschaulich dargestellt werden Veränderungsprozesse in den Mythen.

1. Schock, Überraschung:

Hier findet eine Konfrontation mit unerwarteten Rahmenbedingungen statt (z.B. schlechte Geschäftsergebnisse). Die wahrgenommene eigene Kompetenz sinkt, denn die eigenen Handlungsentwürfe eignen sich für die neuen Bedingungen nicht.

2. Verneinung, Ablehnung:

An dieser Stelle werden Werte und Paradigmen aktiviert, die die Überzeugung stärken, dass eine Veränderung nicht vorgenommen werden muss. Die wahrgenommene eigene Kompetenz steigt wieder, denn die veränderten Bedingungen werden nicht als Notwendigkeit zur Veränderung der eigenen Handlungsweisen angesehen.

3. Rationale Einsicht:

Die Notwendigkeit zur Veränderung wird erkannt, wodurch die eigene Kompetenz absinkt. Es werden auf kurzfristigen Erfolg zielende Lösungen gesucht, womit häufig nur die Symptome behandelt werden. Der Wille, eigene Verhaltensweisen zu verändern, ist nicht vorhanden.

4. Emotionale Akzeptanz:

Diese Phase wird auch als Krise (griech. entscheidende Wendung) bezeichnet. Die Krise birgt Chancen und Risiken. Wird die Bereitschaft geweckt, Werte und Verhaltensweisen in Frage zu stellen, können ungenutzte Potenziale unter den veränderten Rahmenbedingungen erschlossen werden. Gelingt es jedoch nicht, kann es zu einer erneuten Ablehnung der Situation kommen und der Veränderungsprozess wird verlangsamt oder gestoppt.

5. Ausprobieren, Lernen:

Die emotionale Akzeptanz zur Veränderung setzt die Bereitschaft für einen Lernprozess in Gang. Es können die entsprechenden neuen veränderten Verhaltensweisen ausprobiert und geübt werden. Dabei gibt es Erfolge und Misserfolge. Die wahrgenommene eigene Kompetenz steigt erst durch kontinuierliches Ausprobieren und Üben.

6. Erkenntnis:

Beim Üben werden immer mehr Informationen gesammelt. Diese geben Aufschluss darüber, in welchen Situationen die neuen Verhaltensweisen angemessen sind. Dies führt zu einer Erweiterung des Bewusstseins. Das erweiterte Verhaltensrepertoire ermöglicht eine größere Verhaltensflexibilität. Die wahrgenommene eigene Kompetenz steigt über das Niveau vor der Veränderung.

7. Integration:

Die neuen Denk- und Verhaltensweisen werden völlig integriert, so dass sie als selbstverständlich erachtet und weitgehend unbewusst vollzogen werden.

Bild 4: *Beschreibung Veränderungsphasen*

6 Lebenskrisen

Veränderungsprozesse sind keine Erfindung des 21. Jahrhunderts, nur scheinen wir, je mehr technische Lösungen das Leben einerseits erleichtern, umso mehr Schwierigkeiten zu haben, mit natürlichen Phänomenen umgehen zu können.

Die **Übergänge zwischen den Lebensphasen** im individuellen Leben, die durch Empfängnis, Geburt, Pubertät, Abnabelung vom Elternhaus, Heirat, Krise in der Lebensmitte, Pensionierung (Ruhestand) und Tod markiert sind, erleben immer weniger Menschen ganz bewusst oder stellen sich den damit verbundenen Herausforderungen.

Das Lebenskonzept steht in den Übergangsphasen auf dem Prüfstand. Mit Anfang 20 gestalten sich Wünsche, Ziele und deren Umsetzung grundlegend anders als mit Mitte 70. Die Beraterin H. Fritz (2003) benennt fünf **Lebensphasen**:

1. Null bis 18 Jahre – Lernen und Entdecken: Die erste Lebensphase umfasst Kindheit, Jugend und Ausbildungszeit. Elternhaus, Schule oder Ausbildungsplatz zwingen uns in eine große Abhängigkeit. In dieser Zeit wird unser Sozialverhalten stark geprägt. Zentrale Fragen sind:
▸ Wie funktioniert die Welt? Was gibt es zu entdecken?
▸ Was darf ich und was darf ich nicht?
▸ Wo ist mein Platz in dieser Welt?

2. 18 bis 30 – Erleben und Genießen: In der zweiten Lebensphase bauen wir Unabhängigkeit auf, suchen nach unserem Partner, dem eigenen Lebensort und dem Arbeitsplatz. Was jetzt zählt, sind Partner, Freunde, Spaß und Erlebnisse sowie die berufliche und familiäre Langfristplanung. Zentrale Fragen sind:

- Wie kann ich meine Bedürfnisse/Wünsche leben?
- Wo sind die Menschen, die zu mir passen?
- Was möchte ich im Beruf erreichen?

3. 30 bis 45 – Entwicklung und Konsolidierung: Wir suchen in Beruf, Partnerschaft und Familie nach Stabilität. Wir sorgen für die Kinder, unsere Beziehungen werden enger, Freunde sind als Berater unentbehrlich und wir denken an die Altersvorsorge. Einerseits blicken wir auf Erfolge und Karriere zurück, andererseits möchten wir noch viel mehr erreichen. Zentrale Fragen sind:

- Was habe ich bis jetzt erreicht?
- Welche Prioritäten gibt es in meinem Leben?
- Wie möchte ich später leben und arbeiten?

4. 45 bis 60 – Bewusstsein und neue Ziele: Die Prioritäten ändern sich. Das Haus ist gebaut, die Kinder sind groß. Die Hektik weicht der Ruhe. Die Sinnsuche beginnt und endet manchmal in Sinnkrisen („War das alles?"). Neue Herausforderungen werden gesucht. Zentrale Fragen sind:

- Worin war ich bisher besonders erfolgreich?
- Welche neuen Chancen bieten sich mir?
- Welche Dinge sind mir ganz besonders wichtig?

5. Ab 60 – Freude und Aktivität: Ein spürbar neuer Lebensabschnitt beginnt. Die Gestaltung der nächsten 20 bis 30 Jahre steht an. Wir werden wieder neugieriger, risikobereiter und auch weiser. Zentrale Fragen sind:

- Worauf kann ich zurückblicken?
- Welche Potenziale kann/möchte ich weiterhin nutzen?

▶ Was wollte ich immer schon mal tun?
▶ Was kann ich mir noch leisten?

In jeder Phase steht das Lebenskonzept bewusst oder unbewusst auf dem Prüfstand. Häufig werden diese natürlichen Übergangsphasen überspielt, verdrängt, missachtet oder pathologisiert. „Fast könnte man sagen, mit dem Ignorieren der großen Übergänge des Lebens handeln wir uns eine Fülle kleinerer Dauerkrisen ein … Statt das Krisenpotenzial in bestimmten Übergangszeiten konzentriert zu bewältigen, verdienen wir uns kollektiv einen krisenhaften Alltag." (DAHLKE 1995) Im Chinesischen setzt sich das Schriftzeichen für „Krise" sehr anschaulich aus den Zeichen „Gefahr" und „Chance" zusammen.

KARL JASPERS definiert Lebenskrisen wie folgt: „Im Gang der Entwicklung heißt Krisis der Augenblick, in dem das Ganze einem Umschlag unterliegt, aus dem der Mensch als ein Verwandelter hervorgeht, sei es mit neuem Ursprung eines Entschlusses, sei es im Verfallensein." Und weiter:
„Die Lebensgeschichte geht nicht zeitlich einen gleichmäßigen Gang, sondern gliedert ihre Zeit qualitativ, treibt die Entwicklung des Erlebens auf die Spitze, an der entschieden werden muss. Nur im Sträuben gegen die Entwicklung kann der Mensch den vergeblichen Versuch machen, sich auf der Spitze der Entscheidung zu halten, ohne zu entscheiden. Dann wird über ihn entschieden durch den faktischen Fortgang des Lebens. Die Krisis hat ihre Zeit; man kann sie nicht vorwegnehmen und sie nicht überspringen. Sie muss wie alles im Leben reif werden. Sie braucht nicht als Katastrophe zu erscheinen, sondern kann, im stillen Gang äußerlich unauffällig, sich für immer entscheidend vollziehen."

Jede Krise konfrontiert uns mit der Wahlmöglichkeit, sie bewusst anzunehmen und sich den notwendigen Veränderungsprozessen zu stellen oder sich nach Kräften dagegen zu wehren.

Leider sind uns hier ganz offensichtlich die Rituale abhandengekommen, die den Umgang mit Übergangsphasen und den damit verbundenen Schwierigkeiten erleichterten.

Übrig geblieben sind jedoch glücklicherweise in allen Kulturen mythologische Erzählungen, Geschichten, Märchen und Fabeln. Unsere Vorfahren verpackten ihre Weisheiten über die unterschiedlichen Anlässe für Veränderungsprozesse geschickt in unvergessliche Bilder und anschauliche, spannende Geschichten, die bis heute überliefert sind.

Hierin wird deutlich, dass **Lebenskrisen** in allen Zeiten **wichtige Phasen für individuelle Lern- und Erkenntnisprozesse** waren.

Die Reise des Helden Odysseus beispielsweise beschreibt zunächst den Aufbruch und Weg nach Troja. Sein dortiger Sieg fällt in die Lebensmitte, und all die Abenteuer der eigentlichen Odyssee (die Veränderungsarbeit) illustrieren den Heimweg des Helden zu seiner besseren Hälfte Penelope.

Im Grunde handelt es sich bei Veränderungsprozessen immer um die **Reise des Helden**, der auszieht, in der Fremde den bösen Drachen zu besiegen, um seinen Schatz zu befreien und eben als Held in die Heimat bejubelt und verehrt mit der Trophäe oder dem Elixier zurückzukehren.

Die Reise der Heldin weicht möglicherweise etwas ab, dennoch gelten die gleichen Regeln und sie hat die gleichen Hindernisse zu überwinden.

7   Die Reise des Helden

James Campbell untersuchte in den 1970er-Jahren tausende von mythologischen Geschichten, Märchen und Erzählungen in aller Welt und fand heraus, dass sie alle einer einheitlichen Struktur folgen. Er nannte sie die **Reise des Helden**, die später Christopher Vogler in zwölf Stationen anhand von Metaphern beschreibt (Bild 5).

7.1   Der Held in seiner gewohnten Welt

„Es war einmal, in einer weit, weit entfernten Galaxie …" Bereits der Anfang einer Erzählung, wie hier der „Star-Wars-Legende", muss das Publikum in seinen Bann ziehen und darauf hinweisen, dass es nicht um Alltägliches geht, sondern um wirkliche Herausforderungen.

Die Darstellung des Helden in seiner gewohnten Welt widerspiegelt den Kontrast zur Ferne, in die der Held aufbrechen wird. Die gewohnte Welt ist Kontext, Ausgangspunkt und Hintergrund des Helden. Luke Skywalker langweilt sich auf der Farm seiner Pflegeeltern, bevor er ins Weltall aufbricht. Hier tun sich Fragen auf, die die Persönlichkeit und Gefühlswelt des Helden betreffen: Wer ist das? Was hat ihn in dieses Umfeld gebracht? Welche Aufgaben stehen ihm bevor?

In der Eröffnungssequenz muss sich das Publikum mit dem Helden identifizieren. Deshalb sind seine Ziele und Wünsche immer mit elementaren Bedürfnissen bzw. den menschlichen Grundthemen Zugehörigkeit, Liebe, Anerkennung oder Selbstverwirklichung verbunden. Da es letztlich darum geht, die aus den Fugen geratene Ordnung oder einen Zustand der Ganzheit herzustellen, wonach jeder in seinem

Leben strebt, werden alle herausragenden Helden in Mythen mit einem Mangel, einer Schwäche, einem Verlust in Verbindung gebracht. Das stellt eine über alle kulturellen, räumlichen und zeitlichen Grenzen verbindende Eigenschaft her. Denn wir alle sind unvollkommen und es drängt uns nach Ganzheit und Verbindung.

Es wird auch deutlich gemacht, dass etwas auf dem Spiel steht, es kann etwas gewonnen, aber auch verloren werden. Es geht ums Ganze. „Es geht um Geld, Abenteuer und Ruhm! Das ist die Chance Ihres Lebens!" (aus „King Kong").

> Auf der Veränderungskurve befinden wir uns jetzt ganz am Anfang – am Nullpunkt der x-Achse (Bild 3, S. 89).

7.2 Ruf des Abenteuers

Der Same zur Veränderung und Entwicklung ist bereits gelegt, es bedarf nur noch eines Auslösers, des katalytischen Moments, um das Keimen anzuregen. Der Ruf des Abenteuers wird in Geschichten meist in Form einer Nachricht oder in Gestalt eines Boten, welcher Natur auch immer, überbracht.

In der Episode IV der „Star-Wars-Legende" besteht der Ruf in der verzweifelten holografischen Nachricht von Prinzessin Leia an den weißen Obi Wan Kenobi, der sie aus den Klauen von Darth Vader befreien soll. Obi Wan bittet nun seinerseits Luke, dies zu tun.

Der Bote verkörpert letztlich die Überbringung der Nachricht aus dem Unterbewusstsein, dem tiefen universellen menschlichen Verlangen nach dem, was wir nicht haben. Leia ist die Schwester von Luke, der das aber noch nicht weiß.

Doch der Ruf des Abenteuers löst zunächst eine Abwehr,

Verwirrungen oder Schwierigkeiten beim Helden aus. In jedem Fall muss der Held sich entscheiden, wie er auf den Ruf des Abenteuers reagieren soll.

> Auf der Veränderungskurve befinden wir uns jetzt in der Phase des Schocks.

7.3 Weigerung

Dieser Moment des Zögerns, noch ehe die Reise begonnen hat, verdeutlicht dem Publikum, dass das bevorstehende Abenteuer ein wirklich gefährliches Unternehmen mit hohem Einsatz ist. In dem es um Glück und Leben des Helden geht.

Der Held hat Angst, die Schwelle vom Gewohnten zum Unbekannten zu überschreiten, und überdenkt noch einmal die Konsequenzen, die sich ergeben, wenn man den steinigen Weg auf sich nimmt und sich der Prüfung stellt.

Zunächst versucht der Held, dem Ruf auszuweichen. Zur Bekräftigung ihrer Weigerung (inneren Widerstände) haben die zögerlichen Helden meist triftige Gründe und schieben dringlichere Angelegenheiten vor. Beharrliche Weigerungen aber haben früher oder später Konsequenzen und die Situation wird für den Helden immer verhängnisvoller. Luke geht auf Obi Wans Bitte nicht ein und kehrt zur Farm seines Onkels und seiner Tante zurück. Diese aber wurden von Sturmtruppen des Imperiums (imperialen Klonkrieger) niedergemetzelt. Luke begibt sich nun auf die Suche nach Leia, denn der Ruf hat für ihn eine persönliche Bedeutung bekommen.

Erst jetzt ist der Held bereit, sich den Herausforderungen zu stellen. Er überwindet seine Angst, weil er nicht mehr zurück in sein altes Leben kann, und begibt sich schließlich auf die Reise. Dabei kann sich der Held am Anfang weigern oder er kann sich an jedem neuen Schritt auf dem gesamten Weg voller Herausforderungen weigern.

> Auf der Veränderungskurve befinden wir uns jetzt in der Phase der Ablehnung, die überwunden wurde.

7.4 Begegnung mit dem Mentor

In Mythen und Legenden finden wir oft, wie die weise, schützende Gestalt des Mentors den Helden bei den Vorbereitungen unterstützt, ihm Schutz gewährt, ihn mit Wissen, Fähigkeiten und magischen Gaben, die er für die Reise braucht, ausstattet.

In welcher Form der Mentor auch immer auftaucht (z.B. als Merlin, Druide, Elfe, gute Fee, gestiefelter Kater oder sieben Zwerge), der Held bekommt hier den Zugang zur Quelle der Weisheit. Der Mentor ist Vorbild oder Erfahrungshintergrund. Der Held erhält von ihm das Rüstzeug, um die Landkarte des Abenteuers zu studieren. Luke Skywalker erhält von Obi Wan das Lichtschwert seines Vaters, ohne das er die Kämpfe gegen die „dunkle Seite der Macht" nicht bestehen könnte.

Die Begegnung mit dem Mentor enthält außerdem genügend konfliktträchtigen Stoff für eine Auseinandersetzung, in der die Weisheit und Erfahrung der einen Generation an die nächste vermittelt wird.

Mentor war der getreue Freund von Odysseus, der während seiner Abwesenheit (Kampf um Troja und die anschließende Irrfahrt) die Erziehung von Sohn Telemach übernahm. Auch wenn alle weisen Ratgeber und Führungsgestalten nach Mentor benannt werden, wirkte genau genommen in Mentor die Weisheitsgöttin Athene. Das dem Mentor (mental) zugrunde liegende Wort „mentos" bedeutet so viel wie Geist, Seele und Bewusstsein. In den Geschichten haben Mentoren Einfluss auf die Geisteshaltung des Helden, verändern dessen Bewusstsein oder lassen ihn ein neues Ziel finden und stärken Geist und Seele, damit sie die Herausforderungen voller Zuversicht annehmen können.

Mentoren sind gereifte Helden. Sie sind selbst wiederholt den Weg großer Herausforderungen – die Reise des Helden – gegangen und haben sie erfolgreich gemeistert. Der Mentor hilft dem Helden, Angst und Zweifel zu überwinden.

> Auf der Veränderungskurve befinden wir uns auf dem Weg zur rationalen Einsicht. In Bezug auf den Coaching-Prozess trifft der Klient hier auf den Coach.

7.5 Überschreiten der ersten Schwelle

Das Überschreiten der ersten Schwelle ist eine Handlung, die freiwillig geschieht und mit der sich der Held aus ganzem Herzen auf das Abenteuer einlässt. Angst und Zweifel sind verflogen und die notwendigen Vorbereitungen getroffen. An dieser Stelle erhält die Geschichte aber noch einen besonderen „Wendepunkt". Es wird eine Frist gesetzt, es gibt keine Entscheidungs- bzw. Rückzugsmöglichkeiten mehr. Der Held muss sich dem Abenteuer stellen. Luke Skywalker besteigt nun das Raumschiff und macht sich auf den Weg zum Todesstern.

Hier tauchen die Schwellenhüter auf. Sie sind unverzichtbar. Einerseits stellen sie zu überwindende Hindernisse oder Begrenzungen durch formale Regeln dar. Andererseits aber ist die Bedrohung, die von ihnen ausgeht, häufig nichts anderes als eine Illusion. Die Lösung besteht darin, sie einfach nur zu ignorieren und den Weg voller Vertrauen in die eigenen Fähigkeiten fortzusetzen. Bei anderen Schwellenhütern muss der Held deren feindliche Kräfte in sich aufnehmen oder sie auf seinen Widersacher zurückwerfen. Die Kunst besteht hier oft in der Erkenntnis, dass das vermeintliche Hindernis in Wirklichkeit sogar das Mittel ist, mit dem die Schwelle überwunden werden kann. Schwellenhüter, die als Feinde erscheinen, werden häufig wertvolle Verbündete. Manchmal reicht es auch aus, den Schwellenhüter als solchen zu akzeptieren. Schließlich hat er eine wichtige Funktion inne. Der Held dringt in sein wohlbehütetes Gebiet ein und ist gezwungen, ihm den notwendigen Respekt zu zollen.

Nun hat der Held die Grenze von einer zur anderen Welt überschritten und begibt sich ganz auf sich vertrauend in das Unbekannte. Häufig geraten die Helden hier in eine Vertrauenskrise, weil der erste Kontakt mit der neuen Welt anstrengend, enttäuschend oder verwirrend ist.

Das Überschreiten der ersten Schwelle ist der Wendepunkt, wo der Held sich in die Fremde begibt und das Abenteuer beginnt.

> Auf der Veränderungskurve befinden wir uns in der Phase der rationalen Einsicht. In Bezug auf den Coaching-Prozess beginnt die Phase der Orientierung.

7.6 Bewährungsproben, Verbündete und Feinde

Der Held kommt nun in eine Welt, die ihm bisher völlig fremd war, anders ist als alles, was er bisher kannte, die Bewohner, die geltenden Regeln. Eine andere Welt – auch

Bild 5: *Die Reise des Helden – metaphorische Abbildung des inneren Ablaufs von Coaching- bzw. Veränderungsprozessen*

wenn sie nur im übertragenen Sinne erscheint – hat eine andere Atmosphäre, einen anderen Rhythmus, andere Werte. Für den Helden ist das eine neuartige Erfahrung. Für sein Leben und Überleben gelten andere Bedingungen. Die Situation spitzt sich zu, es wird immer verunsichernder und gefährlicher. Für jeden Fehler zahlt er einen hohen Preis, er muss also schnell die neuen Regeln in der Fremde lernen.

In der Episode IV der „Star-Wars-Legende" kommt Luke in eine Kneipe mit vielen skurrilen Gestalten. Es wird ein erstes Bündnis mit Han Solo geschlossen und es bahnt sich eine Feindschaft mit Jaba the Hutt an. Luke erkennt, dass Obi Wan ein mächtiger Jedi-Ritter und Magier ist.

Jedes Ereignis wird zu einer Bewährungsprobe. Dabei handelt es sich zwar um gewaltige Hindernisse, doch es geht hier noch nicht um Leben und Tod. Es tauchen alle möglichen Bösewichte oder Schatten auf, die ihr Revier mit Fallen, Barrikaden oder Kontrollpunkten absichern. Der Held gerät in Fallen, Hinterhalte oder Alarmanlagen werden ausgelöst. Manchmal begleitet ihn hier noch der Mentor, der ihn auf die eigentliche Prüfung, den bevorstehenden Kampf, vorbereitet. Obi Wan beispielsweise führt Luke ein in die Geheimnisse der „Macht". Erste Laserschlachten mit den Streitmächten der „dunklen Seite der Macht" sind Proben, in denen Luke sich bewährt.

In dieser Phase der Reise gewinnt der Held Verbündete, orientiert sich in der neuen Welt, gewinnt Vertrauen und lernt zu unterscheiden, wer ihm wohlgesinnt ist und wer nicht – was ihm nutzt und was ihm schadet …

Natürlich kann er sich hier auch Feinde schaffen und den „Schatten" treffen. Held wie auch Publikum müssen die neuen Regeln schnell lernen und der wahre Charakter unseres Helden – seine Stärken, aber auch Schwächen – tritt in diesen Stresssituationen besonders gut hervor und kann immer klarer erkannt werden.

> Auf der Veränderungskurve befinden wir uns auf dem Weg zur emotionalen Akzeptanz. In Bezug auf den Coaching-Prozess befinden wir uns auf dem Weg zur Phase der Selbstbeobachtung.

7.7 Vordringen zur tiefsten Höhle

Der Held dringt immer weiter in das Zentrum seiner Reise vor, während er eine Bewährungsprobe nach der anderen besteht und Kämpfe bestreitet. Er betritt eine neue geheimnisvolle Zone, die von weiteren Schwellenhütern bewacht wird, und dringt in die tiefste Höhle vor, dort, wo die schlimmsten Schrecken, der Minotaurus und/oder die größten Wunder, der Heilige Gral warten. Zuvor wird im Zentrum der Höhle aber die entscheidende Prüfung stattfinden.

Der Held bereitet sich vor, in den Herrschaftsbereich seines Feindes einzudringen. Dabei mogelt er sich an weiteren Schwellenhütern vorbei und zeigt uns, dass er vorhat, die Welt seines Feindes auseinanderzunehmen.

In der Episode IV der „Star-Wars-Legende" geraten Luke und seine Begleiter beim Vordringen zur tiefsten Höhle in das Schwerefeld des Todessterns.

Die Schwellenhüter weisen darauf hin, dass die Begegnung mit einer neuen Macht, die Fähigkeiten des Helden und seine neuen Erfahrungen aus den Bewährungsproben nochmals auf ihren Bestand geprüft werden oder dass der Schlüssel zum Erfolg gerade darin besteht, eine zwischenmenschliche Beziehung aufzubauen, die Unterstützung liefern kann. Nicht selten entwickelt sich auf dem Weg eine Liebesbeziehung, was dem Helden mehr Kraft oder Mut verleiht, diese Prüfung zu bestehen. Luke Skywalker empfindet eine große Zuneigung zu Leia. Das verleiht ihm den Mut und die Kraft für die Überwindung der Hindernisse.

Im Vordringen zur tiefsten Höhle gerät der Held in eine Hochburg sämtlicher Widersacher und Hindernisse, die das wohlbehütete Zentrum versperren, in dem alles bisher Gelernte und alle Verbündete, aber auch Feinde ins Spiel kommen. Der Held wird mehrmals auf die Probe gestellt, ob er bereit ist, sich dem Kampf, bei dem es um Leben und Tod geht, zu stellen. Die alte Angst zu überwinden erfordert einen extremen Willensakt.

Auf der Veränderungskurve befinden wir uns kurz vor der emotionalen Akzeptanz. In Bezug auf den Coaching-Prozess befinden wir uns noch in der Phase der Selbstbeobachtung.

7.8   Entscheidende Prüfung

Der Held ist an den tiefsten Punkt der Höhle vorgedrungen, die schwerste Herausforderung steht bevor, sein fürchterlichster Widersacher tritt ihm gegenüber. Er begegnet seinem eigenen Schatten, den Eigenschaften, die er an sich selbst nicht mag und auf andere projiziert.

Hier begegnet der Held seinen größten Ängsten. Das kann genauso gut das Ende einer Beziehung, das Scheitern eines Vorhabens oder eben das Absterben seiner früheren Persönlichkeit sein. Hier geht es um Tod und Wiedergeburt. In jeder Geschichte gibt es den Augenblick, wo der Held dem Tod in die Augen schaut. Doch der Held ist nun wild entschlossen, den Kampf aufzunehmen, die Prüfung zu bestehen, und so entwickelt er übermenschliche Kraft.

In der „Star-Wars-Legende" sind Luke, Leia und ihre Gefährten in die Katakomben des Todessterns vorgedrungen und in eine gigantische Müllpresse geraten. Luke wird dort von dem krakenartigen Monster, das in den Abwässerkanälen lebt, unter Wasser gezogen und so lange festgehalten, dass man befürchtet, er würde nur tot wieder herauskommen.

Ist der Feind besiegt, kann das Leben neu erweckt werden, von nun an wird nichts so wie früher sein. Doch auch der Held erscheint tot und das Publikum wird zu einem emotionalen Tiefpunkt gebracht. Die klassischen Helden schauen dem sicheren Tod in die Augen, doch sie überleben dort, wo alle vor ihnen versagt haben, weil sie umsichtig genug waren und sich schon vorher übernatürliche Hilfe geholt hatten. In der Regel überlebt der Held diesen Tod auf magische Weise und wird im wörtlichen oder symbolischen Sinne wiedergeboren.

Dabei hilft nicht zuletzt die Kraft der Liebe, als unsichtbare Verbindung zwischen Menschen in einer intensiven Beziehung. Es handelt sich hierbei um die „mystische Hochzeit" der im Inneren kämpfenden Kräfte – die Verbindung von Animus und Anima. Beide Seiten einer Persönlichkeit erfahren die gleiche Anerkennung, das innere Gleichgewicht ist hergestellt. Die mystische Hochzeit symbolisiert die vollkommene Meisterung des Lebens.

Der Held hat die wichtigste Prüfung bestanden und diese Todesnähe verwandelt seinen Charakter. Bei diesem Kampf handelt es sich um den zentralen Knotenpunkt der Geschichte. Es ist derjenige Moment einer Geschichte, an dem die feindlichen Kräfte den Punkt ihres größten Widerstands erreicht haben. Diese Krise mag für den Helden dramatisch, fürchterlich und schmerzhaft sein, sie ist aber der einzige Weg zum Sieg über den äußeren und/oder inneren Feind oder zur Heilung.

Die Krise, der Kampf markiert einen weiteren Wendepunkt, der dem Reisenden ankündigt, dass er die Hälfte des Weges zurückgelegt hat. Er markiert die Mitte der Geschichte. Jedes Ereignis davor leitet zu diesem zentralen Ereignis; der Gipfel des Berges bzw. das dunkelste Tal, der versteckteste Winkel im Inneren eines Gebäudes, der tiefste Grund der Seele.

Hier findet die innere Aussöhnung mit dem eigenen Schatten statt. Der Held ist über die alten Begrenzungen seines Selbst hinausgestiegen, hat nun eine Vorstellung vom Allverbundensein der Dinge und etwas Göttliches. Alles, was danach geschieht, ist bereits die Rückreise.

Auf der Veränderungskurve befinden wir uns am Krisenpunkt (emotionale Akzeptanz). In Bezug auf den Coaching-Prozess befinden wir uns noch immer in der Phase der Selbstbeobachtung.

7.9 Belohnung, Initiation

Nun wird der Held mit den Konsequenzen seines Handelns konfrontiert. Der Drache ist besiegt, er hat Anspruch auf seine Belohnung; ein Freudenfest, ein Kuss von der Geliebten, der Schatz, das Elixier, das magische Schwert oder der Heilige Gral als Symbol für die unerreichbaren Reichtümer der Seele. Der Held bekommt jetzt das, wofür er in die Fremde gezogen ist. Aus dem Überstehen der tödlichen Gefahren erwachsen dem Helden neue Kräfte und Fähigkeiten. Aus dem Erlebnis der Todesnähe hat er seine Wahrnehmungsfähigkeit geschärft.

Luke rettet nicht nur Prinzessin Leia, sondern gelangt auch in den Besitz der Pläne des Todessterns, die im künftigen Kampf mit Darth Vader eine wichtige Rolle spielen.

Die neu gewonnene Einsicht oder Erkenntnis führt dazu, dass der Held erkennt, wer er eigentlich ist und welchen Platz er in der Ordnung der Dinge hat. Er erkennt, wo er sich bisher töricht oder starrsinnig verhalten hat. Seine Illusionen, die er sich vom Leben gemacht hat, weichen der klaren Einsicht in die Wirklichkeit.

Er muss nun darauf achten, dass er nicht überheblich wird und seine neu gewonnene Macht missbraucht. Überschätzt sich der Held, wird er die Grenzen anderweitig aufgezeigt bekommen. Hat der Held seine Belohnung ausgekostet, muss er sich wieder auf seine Aufgabe konzentrieren, denn er hat weiter Prüfungen zu bestehen.

Auf der Veränderungskurve befinden wir uns am Beginn der Phase des Lernens. In Bezug auf den Coaching-Prozess befinden wir uns nun auf dem Weg zur Phase der Veränderung.

7.10 Rückkehr in die Heimat

In dieser Phase geht es um den Entschluss des Helden, in seine gewohnte Welt zurückzukehren und dort einzubringen, was er in der Fremde gelernt hat. Diese Entscheidung fällt ihm natürlich schwer, denn die Weisheit und Magie der Prüfung könnten im Licht des Alltags verblassen. Er muss nun die Behaglichkeit verlassen und sich wieder bewusst dem Abenteuer zuwenden.

Das erneute Überschreiten der Schwelle aus der Fremde, die nun vertraut geworden ist, zurück in die Heimat ist ein weiterer Wendepunkt, eine neue Krise, die den letzten Weg der Prüfung weist. Hier geht es um Furcht vor Vergeltung oder Verfolgung. Die alten Mächte des Bösen, über die der Held in der Prüfung siegte, sammeln sich wieder, um zurückzuschlagen oder den Schatz, das Elixier, das magische Schwert zurückzugewinnen.

Nachdem Luke und Leia die Flucht vom Todesstern gelungen ist, werden sie von dem wütenden Darth Vader verfolgt. Der Held ist nun mit noch mächtigeren Kräften konfrontiert und muss häufig lieb gewordene Gegenstände zur Ablenkung der Verfolger hinter sich werfen.

Er muss so heftige Rückschläge erleiden, dass der Erfolg des gesamten Abenteuers infrage gestellt wird. Das Publikum aber weiß, dass der Held fest entschlossen ist, die Sache zu Ende zu bringen. Er hat die notwendige Motivation, trotz aller Versuchungen des Bösen, das Elixier oder den Schatz nach Hause zu bringen. Er nimmt alles, was er in der Fremde gelernt, gewonnen oder sonst wie erreicht hat, zusammen, um die letzte Probe zu bestehen.

> **Auf der Veränderungskurve befinden wir uns in der Phase des Lernens. In Bezug auf den Coaching-Prozess befinden wir uns in der Phase der Veränderung.**

7.11 Auferstehung

Damit die alten Kräfte des Bösen endgültig abgelöst werden, gibt es nun noch ein weiteres Erlebnis von Tod und Wiedergeburt – die Auferstehung. Der Held muss ein weiteres läuterndes Fegefeuer durchstehen, damit er verwandelt in die Heimat zurückkehren kann. Dieses Mal handelt es sich nicht um eine Krise, sondern um die Klimax, die letzte gefährliche Begegnung mit dem Tod. Als der Held die Fremde betrat, musste er sein altes Selbst abwerfen, nun muss er sich der Persönlichkeit entledigen, zu der er auf der Reise wurde, und eine neue entwickeln, die den Anforderungen der gewohnten Welt gerecht wird.

Die neue Persönlichkeit sollte die besten Eigenschaften des alten Selbst und die gesammelten Erfahrungen der Reise enthalten. Bei der Auferstehung muss der Held sich vom Geruch des Todes reinigen, die Lehren der Prüfung darf er aber nicht vergessen.

Der Held wird erneut geprüft, damit wir sehen, dass er die Lehren aus der ersten Prüfung tatsächlich verinnerlicht hat. Es geht darum, festzustellen, ob es ihm gelingt, das neue Wissen und die Erkenntnis in die gewohnte Welt zu tragen und dort anzuwenden. Das ist der Praxistest, ob es dem Helden mit seinen Veränderungen auch wirklich ernst ist. Er muss beweisen, dass er nicht doch noch seinem Schatten erliegt.

Im Unterschied zur vorangegangenen Begegnung mit dem Tod ist hier nicht nur der Held in Gefahr, sondern die ganze Welt. Der Einsatz ist höher, man erwartet, dass der Held die Initiative ergreift und dem Bösewicht eigenhändig den Todesstoß versetzt oder endlich die Frau seines Herzens heiratet. Diese Phase markiert nicht nur beim Helden die Katharsis, sondern auch das Publikum erfährt eine Reinigung oder emotionale Läuterung. Der Auferstehung steht nichts mehr im Weg, aber sie verlangt ein Opfer. Der Held muss nun endgültig eine alte Gewohnheit ablegen.

In der Auferstehung beweist er, dass er jede Lehre einer jeden Figur aus der Geschichte verinnerlicht hat. Dass sie Teil seiner selbst und seines Körpers geworden ist. Die innere Wandlung wird durch äußere Merkmale und Handlungen sichtbar.

> Auf der Veränderungskurve befinden wir uns in der Phase der Erkenntnis. In Bezug auf den Coaching-Prozess befinden wir uns in der Phase der Veränderung (Katharsis).

7.12 Rückkehr mit dem Elixier

Der Held kehrt in seine Heimat zurück. Diese hat sich nicht verändert. Er aber weiß, was auch immer ihn erwartet, was er erlebte, hat sein Leben grundlegend veränderte.

Er bringt das Elixier, das er in der Fremde gewonnen hat, nach Hause und wird es mit den anderen teilen oder es entfaltet auf andere magische Weise dort seine Wirkung. In der Episode IV der „Star-Wars-Legende" hat Luke Skywalker (zumindest vorübergehend) Darth Vader besiegt und stellt im Universum wieder Ruhe und Ordnung her.

Jetzt wird die Geschichte abgerundet und wir bekommen

das Erlebnis von Vollkommenheit, der Geschichte wird die abschließende Wirkung der Ganzheit verliehen. Der Schlüssel hier ist das Elixier. Damit beweist der Held, dass er in der Fremde war und selbst den Tod überwunden hat. Symbolisiert werden damit alle Themen, wofür es sich lohnt, zum Helden zu werden: Liebe, Frieden, Glück, Erfolg, Gesundheit oder auch Ruhm.

Die Kraft des Elixiers oder die aus der Fremde mitgebrachte Weisheit des Helden kann dabei so groß sein, dass sie nicht nur bei ihm selbst, sondern auch in seiner gesamten Umgebung Veränderung bewirkt.

> Auf der Veränderungskurve befinden wir uns auf dem Weg zur Integration. Der Coaching-Prozess ist abgeschlossen.

Sie kennen nun den Verlauf von Veränderungsprozessen auch anhand der typischen Erzählstränge von Geschichten. Diese beweisen uns, dass die Menschheit ein tiefes Bewusstsein für die Gestaltung von Veränderungsprozessen besitzt.

Georg Lucas verarbeitet in seiner „Star-Wars-Legende" fast alle Archethemen (Wut, Angst, Neid, Gier, Verrat, Betrug, Liebe, Vertrauen …), über die bereits die Mythen erzählen, und verpackt sie in moderne Action-Bilder. Doch er geht noch einen Schritt weiter, indem er die Schwäche seines Helden auf die Spitze treibt. Anakin Skywalker, der eigentliche Held der Geschichte, der Auserwählte, der die Galaxis vom Bösen – den Sith – befreien soll, wird aus Wut und Rachegelüsten zu Darth Vader. Dieser verkörpert (zur Maschine geworden mit einem Fünkchen Leben) das Böse – die dunkle Seite der Macht. Er wird zum Feind seines eigenen Meisters Obi Wan und zur eigentlichen Bedrohung des Universums. Doch die Liebe seines Sohnes Luke Skywalker – sein eigen Fleisch und Blut – weckt, als schon fast alles verloren scheint, die „helle Seite der Macht" – die Liebe – in ihm. Er befreit sich von seinem Schatten, indem er den Kanzler (den Ursprung des Bösen) vernichtet und damit seinen Sohn sowie das Universum rettet. Schließlich gibt er seine alte Darth Vader-Hülle auf und wird in seiner ursprünglichen Gestalt als Anakin Skywalker unsterblich.

Literatur

Bateson, G.: Ökologie des Geistes. Suhrkamp 1985.

Drosdowski, G. (Hrsg.): Duden „Etymologie": Herkunftswörterbuch der deutschen Sprache. 2., völlig neu bearb. u. erw. Aufl., Dudenverlag 1989.

Cameron, J.: Der Weg des Künstlers. Droemer-Knaur 2000.

Campbell, J.: Der Heros in tausend Gestalten. Suhrkamp 1978.

Campbell, J.; **Moyers**, B.: Die Kraft der Mythen. Bilder der Seele im Leben des Menschen. Artemis 1994.

Covey, S. R.: Seven Habits of Highly Effective People. Franklin Covey Co. 1996.

Covey, S. R.: Der Weg zum Wesentlichen. Campus 1997.

Dahlke, R.: Krankheit als Sprache der Seele. Goldmann 1992.

Dahlke, R.: Lebenskrisen als Entwicklungschancen. Zeiten des Umbruchs und ihre Krankheitsbilder Goldmann 1995

Day, L.: So werden Wünsche wahr. Knaur 2004.

Dilts, R.: Professionelles Coaching mit NLP. Junfermann 2005.

Dilts, R. B.; **Epstein**, T.; **Dilts**, R. W.: Know-how für Träumer. Strategien der Kreativität. Junfermann 1994.

Ende, M.: Momo. Thienemann, Neuausgabe 2005

Franckh, P.: Erfolgreich wünschen. Koha 2005

Gallwey, W. T.: The Inner Game of Tennis. Random House Trade 1974.

Gallwey, W. T.: The Inner Game of Tennis. Die Kunst der entspannten Konzentration. New School 2003.

Gardner, H.: Abschied vom IQ. Klett-Cotta 1991.

Gawain, S.: Stell dir vor. Kreativ visualisieren. Rowohlt. 1995.

Goleman, D.: Emotionale Intelligenz. dtv 1997.

Küstenmacher, W.; **Seiwert**, W.: Simplify your Life. Campus 2004.

Lipton, B.: Intelligente Zellen. Wie Erfahrungen unsere Gene steuern. Koha 2006.

Maaß, E.; **Ritschl**, K.: Coaching mit NLP. Jungfermann 1997.

Mohr. B.: Bestellungen beim Universum. Ein Handbuch zur Wunscherfüllung. Omega 2004.

Robbins, A.: Das Robbins Power Prinzip. Ullstein 2003.

Schulz von Thun, F.: Miteinander reden. Rowohlt 1996.

Seiwert, L.: Das Bumerang-Prinzip. Mehr Zeit fürs Glück. Gräfe und Unzer 2002.

Suzuki, D. T.: Die Kunst des Bogenschießens. O. W. Barth bei Scherz 2003.

Vogler, Ch.: Die Odyssee des Drehbuchschreibers. Zweitausendeins 1997.

Whitmore, J.: Coaching für die Praxis. Wesentliches für jede Führungskraft. Allesimfluss 2006.

Links

www.coaching-report.de
www.energetic-change.de
www.wikipedia.de
www.zeitzuleben.de

Coaching-Verbände

Bundesverband Deutscher Psychologen (BDP)
Deutsche Gesellschaft für Supervision (DGSv)
Deutscher Bundesverband Coaching (DBVC)
Deutscher Verband für Coaching und Training (dvct)
European Mentoring & Coaching Council (EMCC)
Fachverband Personalmanagement im BDU
International Coach Federation (ICF)
Pro Coaching Association Deutschland
Professional Coaching Association (ProC)
Qualitätsring Coaching (QRC)
Verband Open Coaching (OC)